重磅导读

01

人，比我们想象的要强大

韦　青

微软（中国）公司首席技术官

库兹韦尔用了两本书，一本是出版于约 20 年前的《奇点临近》，一本是放在我们面前的这本《奇点更近》，洋洋几十万言，无非想告诉我们一件事：讨论了这么多年的奇点时刻，真的快要到了！它的来临速度与冲击力，远比原来预想的还要迅猛与激烈！

奇点将至，重在行动

十几年前，当我头一次读到《奇点临近》时，就被作者的知识广度和作品中表达出来的深刻哲思与想象力所折服。库兹韦尔所阐述的宇宙进化六大阶段以及相关的数学、物理学、化学、计算科学、生物学、认知科学等领域的前沿成果，促使我开始重新思考一些时常挂在嘴边，但似乎从未认真深究过的概念，比如何为物质、能量与信息？再比如何为意识、何为智慧？最后还会不可避免地回归到那个全人类的母题：何以为人，也就是"我是谁？""我从哪里来？""我将要到哪里去？"

如果站在今日人类的视角回顾当初，作者当时提出的事关人类文明形态下一步跃迁的 GNR 技术，即结合了信息与生物的基因技术 (Genetics)、结合了信息与物理世界的纳米技术 (Nanotechnology) 和结合了人类知识与机器能力的智能机器 (Robotics)，在经历了 20 多年发展之后，被证明的确产生了远远超越大多数人想象的进步。其发展的速度，也暗合了作者始终强调的"加速回报定律"。那么，继续站在今天人类的视角，如果我们想要展望未来，本书中关于"人类迈向奇点的千年征程已经步入冲刺阶段"的所有阐述，不仅可以让我们学习与了解到更多前沿知识与技术可能性，还可以借助库兹韦尔的视角，重新检视我们本以为的与每个人和我们的后代都息息相关的未来到底会有哪些不同的可能性，在这些可能性中，我们又会扮演一种什么样的角色。

但是，正如人们常说的"知道并不等于做到，做到并不等于做好，做好并不等于做对"，对于每一个人而言，就算我们通读本书，吸收并掌握了书中介绍的所有知识与观念，我们还有一个终极的挑战，那就是：如何采取下一步行动！

与时俱进的思想引领与时俱进的行动

人类的行动由人类的思想指引，而思想又是通过分析判断人类大脑接收到的信号而形成观点和下一步的行动方案的。作为一个复杂的适应性系统，人类还会随时根据外部信号的实时变化而调整相应的目标与动作。这一切，都是运行良好的思想体系在发挥它的作用。正如库兹韦尔在前一本《奇点临近》"影响的盛装"一章引用的丘吉尔所述——"未来的帝国是思想的帝国"，在本书中，作者在第 1 章就开宗明义地声明"我将意识的基础归纳为信息……宇宙诞生起的六个发展时代或阶段，每一阶段都是基于前一阶段的信息处理而创造出来的"，而在第 2 章，作者又在第一句话中就指出"如果将宇宙的历史看作信息处理方式不断进化的故事，那么人类的篇章就是在这个故事的后半段展开的"。这里的关键词就是思想、意识与信息。

因此，大家不必局限于库兹韦尔提出的"奇点"这个名词，其本质，自始至终都有关于信息、思想、意识、智慧，都是人类如何利用机器的能力实现"身－心－灵"的升华。根据库兹韦尔的观点，在奇点来临时刻，是人类借助机器能力突破生物学上的弱点，实现自身的升华的时刻；当宇宙进化到第六阶段，则是人类智慧在全宇宙的体现。当然，在这个层面中涉及太多有关人类认知、意识、精神以及诸多尚未形成定论的有关科学、哲学与宗教领域的思考与判断，虽然至关重要，但是不可轻信盲从，读者们需要基于自身的信仰辩证地理解与吸收库兹韦尔的观点。

需要强调的是，从书中所描绘的奇点来临的第五阶段开始，一切都是作者基于自身视角对未来的预判，重要的是我们作为读者，在看完此书后，会如何根据我们自身的情况形成自己的观点，指引我们的行动。计算机领域有一个著名的说法：预测未来的最佳方式就是创造未来。我们要认识到，世界的变化是复杂的，现象的产生是概率性的，未来是无法完美预测的，而巨变的时代就在眼前，我们能否学会在不断试错过程中纠偏前行，是在这样一个变革时代生存与发展的前提条件。

这种不断纠偏前行的行动能力，需要的不仅仅是新知识的学习，比如阅读本书，还需要被称为成长型思维习惯的培养。所谓成长型思维，概念很简单，就是一种与时俱进的思维方式，不僵化，不教条，一切本着因人、因时、因地制宜的方法应对变化。只是人类这个物种并不擅长改变习惯，"勿意，勿必，勿固，勿我"，说得容易，能做到很难。但为什么还要强调这一点呢？因为我们面临的是一种僵化思维无法应对的挑战。

有些人可能以为，所谓的灵活机动就是随意改变，恰恰相反，真要做到灵活应变，反而先要明确什么是不能变的。在这个变动不居的时代，各种流派的思潮汹涌澎湃，如果没有坚定的信仰与人生观，很容易被各种似是而非、此消彼长的观点搞得精神错乱、信仰崩塌，最后搞得一生随波逐流、一无是处。在混乱的环境里，真正能够指导我们稳步前行的是我们发自内心真正相信的东西，可惜的是，正如本文接下来将要阐述的，在信息发达的社会形态里，认知上的随波逐流成为常态，真知灼见反而成了稀缺之物。

人类通过数十年的努力建立起覆盖全球的通信网络和数字化媒介，在网络中随时随地流动着的表征人类社会各种现象的数据流。这些数据流中承载了各种信息，其中的知识内容本应该用来帮助人类提升认知、坚定信仰、获取幸福和增长智慧。但是这种过于便利的信息生成与传播能力的负面效果就是随之而来的信息爆炸，而人类自身处理信息的能力尚未进化至与当前信息爆炸相适应的阶段，表现为我们的大脑还是处于因为信息稀缺而形成的"贪吃"信息状态，常常不加分辨地无节制摄取信息。就像人体无节制地摄取食物会引发诸如肥胖症、糖尿病和高血压等富贵病一样，人类的大脑也会因为无尽地摄取海量的信息，其中不乏虚假、错误或者缺乏知识养分的垃圾信息，而引发各种精神疾病。

机器的进步本来是要帮助人类的，信息机器的进步本来是要帮助人类增长智慧的。"知其雄，守其雌"，本书介绍了许多因科技进步，尤其是因基因技术、纳米技术和智能机器的进步而带来的诸多好处，但是每一个人类个体是否有能力和机会获得这些益处，同时避免这些益处的负面效果，已经不仅仅是机器的能力问题，还需要人类继续进化自身的信息处理能力。

能够进入思想宝库并不等于
能够习得宝藏级的思想

《奇点更近》是一本知识面覆盖广泛的作品，要想完全理解并掌握本书的要义，除了阅读本书，还可以根据书中所涉及的各类学术概念与技术领域，把机器学习原理、心－脑研究与认知神经科学、人类意识研究与现象学等相关领域做进一步的深入探讨，当然最好把本书的前身，即库兹韦尔约20年前写就的《奇点临近》再重温一遍，比较一下作者总结的GNR技术的变化，会对我们理解当下和展望未来有莫大的帮助。

库兹韦尔以其作为未来学家、科学家与企业家的独特视角、阅历与学术背景，在他的作品中将诸多与人类命运密切相关的前沿技术做了清晰的分类、整理与介绍，有助于我们高效、迅速地掌握技术发展的最新成果与未来趋势。但是即便如此，如前面谈及的有关复杂性与概率性的观念，在这样一个文明范式转变的时代，真相常常以多维度的角度展现在不同人的面前，因此我们每一个人其实都是在"盲人摸象"，仅仅靠一家之言很难描绘出正在变化的世界全貌。我们每个人无论学识多么渊博，也有必要借鉴"小马过河"寓言的启发，不盲从权威，以实证的精神走出适合自己的道路。

因此，基于本书的知识体系，我还想提出几点注意事项作为本书内容的注脚，希望我们共同以先哲们提出的"博学之，审问之，慎思之，明辨之，笃行之"的学习之法与"好学近乎知，力行近乎仁，知耻近乎勇"的修身之法，融会贯通，不仅获得新的知识，更重要的是获得新的思维能力。我们即将或正在进入的是一个被称为信息时代的人类社会发展阶段，奇点虽然即将到来，这是一个信息时代的现象，但如果我们没有针对信息时代的特点提升人类理解与利用信息的能力，还在用工业文明的思想考虑信息文明的问题，那么就算奇点来临，也与我们关系不大。要知道，在人类文明从农业文明进入工业文明时，有太多的文明形态，不是因为不具备工业文明的能力，而是不具备工业文明的思想，而被淘汰于人类的历史长河之中。

真－假－虚－实：信息爆炸的代价

库兹韦尔在两本有关"奇点"的作品中，都在强调我们所面临的其实都是有关信息的问题。无论我们探讨的是"数字化"、"智能化"还是"信息化"，最终都是人类文明形态从农业文明、工业文明再到信息文明后所面临的挑战与机遇，其本质是在理解、掌握和利用"物质－能量－信息"宇宙三要素之间的关系与转化。在这个通信发达和信息爆炸的时代，我们每时每刻都在受到无穷无尽的信息的冲击。大家不缺各类"标准"答案，缺的是适合我们自身情况与条件的问题和针对这种问题的"合适"答案。对于每一个群体与个体，只有确定了真正的问题和目标，对群体而言还要对发展方向达成共识，才能够找到适合各自条件的解决方案，并依此指导和评估下一步的行动与结果。因此，我们每一个人都需要建立起与信息时代相匹配的辩证思维、批判精神与实践能力。

在信息化高度发达的社会形态下，我们除了面临寻找到正确问题与合适答案的挑战，还面临虚假信息与错误信息的干扰。根据通信与传播原理，在充斥了信号与噪声的媒体环境里，如何确保一条消息能够无损与保真地从发送方传播到接收方面前，并能够被接收方无歧义地理解，几乎成为一个不可能完成的任务。

诺贝尔经济学奖与图灵奖双料得主赫伯特·西蒙（中文名为司马贺）曾经强调，"信息过载的时代也是注意力稀缺的时代"。由于数字化媒体的普及和发达的通信技术，再加上因为生成式 AI 技术的进步而导致的机器生成内容泛滥，人类为了高效沟通而建设的通信网络已经被远超全体人类所能够处理和理解的海量信息所淹没。其中"真–假–虚–实"内容交相纠缠在一起，每一条讯息在每时每刻都在试图争夺人类的关注度，而获得关注度的捷径就是对于现象的夸大其词，直至无视真相的无中生有。

在这种信息传播的逻辑下，信息本身所承载的内容是否真实已不重要，信息传播的使命从传播世界的真相变成传播需要人类看到的"真相"以及人类想看到或自以为看到的"真相"，这种"真相"大多成为虚假陈述真相的幻象和假象。从人类利益角度而言，我们需要的不是海量信息，而是能够真实与正确表征世界的信息。这种信息还需要以高效和准确的方式承载能够被人类接受、消化与理解的有益知识，这样人类才有可能通过知识与实践引导自身智慧的增长，从而进一步升华人类的精神境界。从社会发展角度而言，为了保障人类社会能够进化至以信息健康流通为代表的下一个文明发展阶段，人类社会需要提升对于"真–假–虚–实"信息的鉴别能力，建立起覆盖信息全生命周期的验证与确认机制，保证人类社会中流通的信息在生成、传播与接收过程中的真实性与及时性。否则，如果任凭机器生成信息的泛滥，人类社会极易陷入谣言横行、真相缺失的混乱窘境。

重构信息时代的文明

在一个信息技术普及的社会中，信息的力量是一个与物质与能量相等同、对人类的思想和行为范式造成重大影响的社会力量。人们时常以"新一轮工业革命"或者"第四次工业革命"来指称这一轮的技术进步，这种定义方式虽然能够描述这一轮信息技术进步对于农业与工业产生的巨大影响和促进作用，但是这种定义方式不足以表明这一轮信息技术进步对于人类思想、文明传承以及国家、民族、企业与个体生存和发展基本范式产生的巨大冲击。与其将这一轮的技术进步称为一场工业革命，更加符合其本意的说法或许应该是一场文明的重构。

这种重构的缘起与上一轮文艺复兴以及古登堡印刷机所起到的作用有相似之处，都有关因为信息的自由流通与知识平权而造成的社会与文明重构，但是其力度和广度，尤其是因为电子和量子计算机器的引入而形成的指数增长效应和生成式智能信息机器能力，都将是人类有史以来所发明的最强大同时也是最有可能发生不可控制的结果的变革源泉。上一轮文艺复兴之后，人类社会经过五六百年完成了宗教改革、科学革命、启蒙运动与工业革命，这一轮信息文明的重构力量又将使目前各种先进的、落后的、相关的、不相关的文明重新置于同一条新的起跑线上，借用库兹韦尔的技术进化"加速回报定律"的思路，人类将因为智能计算机器的参与而面临一个双倍指数增长的变革时代，其变化的速度与彻底性，是人类在其发展历史中首次遇到的如此巨大的挑战与机遇。

在这里补充一个题外话，库兹韦尔在《奇点临近》一书中专门留出一个附录解释何为双倍指数增长，并推导出 $W=e^t$ 的公式，其中 t 表示时间，W 表示世界知识。但也有学者认为，人类所能够了解的世界是一个"人择世界"，是一个以人类能够观察与理解的现象为基础的世界。这个世界的增长规律，在一个狭窄的时空域内，可以表现为增长曲线无限加速上扬的指数级增长，但放到一个更宏观的时空域来看，则是一个 S 形的逻辑回归函数，在急速增长阶段之后，马上会出现停滞的增长平台期，其简化版本的公式就是机器学习中常见的 Sigmoid 激活函数 $y=\frac{e^x}{e^x+1}$。虽然这两种矛盾的观点孰是孰非尚无定论，但是它们都有其适用的前提条件，核心问题不是增长是否有极限，而是支持无限加速增长的前提条件是否存在。依据这种思维逻辑，只要能够遵循合理的论证流程，一旦把支持某种结论为真的前提条件论证清楚，其结果也就自然明了。这虽然是题外话，由于人类技术越往前发展，越会接近无人区，都是一些前人没有走过的路，也越来越难以就下一步该向何处去而达成共识。以上这种理性推理方式，就可以帮助大家基于各自观察与掌握的信息，形成自己的观点。

理解信息的真正力量

除了本书中所预言的各种奇点临近的可能性以外，这一轮技术的进步对于人类思维范式的转变也带来了巨大的挑战。众所周知，拥有与时俱进的思想能力远比拥有先进的技术能力更加难以实现。人类先天的各种思维偏差会误导我们倾向于应用过去的成见来理解全新的未来。我们的固有经验越完备，越会成为我们主动理解与掌握新生事物的障碍。

信息时代的核心挑战是人类对于信息力量的认知。信息可以通过改变人类的思想而改变人类利用物质与能量的方式。但是就像农业时代的人类很难理解工业时代以蒸汽机和电动机为代表的动力源泉，大多数信息时代的人类还是以物质或能量的角度理解信息，而低估了信息本身就是一种改变物质和能量的力量，也是改变社会的力量。

信息时代的一大特征是任何实体，无论是文明形态，还是群体或个体，都需要通过建模的过程表征为数字化的信息，这类信息以数据的形式被机器所学习。在发展完备的信息社会中，具备学习能力的智能信息机器充当了人类知识的继承者与传播者，所有新人类都会通过具备人类全部知识的智能机器完成学习任务。能够被智能机器学习到的知识就是未来人类社会主流的知识。所有有关人类文明与人类群体和个体的记忆，都将以知识的方式传承下去。如果智能信息机器没有学习到表征某种文明或群体和个体的数据，这种文明或群体和个体就会在数字空间中慢慢式微，而在数字空间的式微，又会使得这种文明或群体和个体在数字时代原住民日益占据主流的社会中慢慢消失于人类的视野。在指数级进步的数字化技术推动下，各种文明和其中的国家或族群，要么能够得以重构与复兴，继续在人类文明舞台上占有一席之地；要么如同上一轮文明范式变革所发生的一样，又会有若干种文明由于代表其文明内涵的信息没有遍布世界各地、具备学习能力的机器所学习，而在数字空间慢慢式微，进而慢慢消失于人类社会的发展历史中。

数据产生价值的前提

作为信息社会的一员，除了理解文明传承与信息之间的关系，还要理解信息与承载信息的数据作为一种生产要素能够产生价值的前提。信息与物质和能量最大的不同在于，信息需要流通之后方能通过信息接收方思想与意识的改变而产生现实的作用。根据 DIKW[即 Data(数据)，Information(信息)，knowledge(知识)，Wisdom(智慧)] 信息金字塔理论，承载信息的数据只有在转化为知识后才能够对人类社会产生影响。

没有意义的数据是没用的数据：数据十分重要，被喻为 "数字经济的石油"。这种比喻的本义指的是石油的确很重要，但是其本身并没有太多直接用处，石油需要提炼为柴油、汽油方能为机器使用；只有建立起化工产业才能让石油提炼后的副产品继续发挥它的作用。同样的道理，数据看似重要，但是数据本身的 "含油量"，也就是数据中所蕴含的信息量更为重要。这就需要在生成和收集数据之前，对数据进行有效建模，使得数据能够表征物理世界中的某种现象，产生相关的意义，而这种意义就是信息的价值。因此，如果仅仅是拥有和存储大量数据，而不考虑数据中可能表征的信息，就有可能陷入拥有大量 "贫油量" 数据的陷阱。对人类社会 "人 – 事 – 物" 的统一建模以及建模标准遵循 "书同文，车同轨，行同伦" 原则，是拥有信息文明建设所需数据的根本保证；积极参与全人类数字化文明建设和全人类知识的数字化标准建设是任一文明得以弘扬及存续的必要条件。

未经流通应用的数据是没有价值的数据：富含意义的多维度数据经过综合处理后才能够产

生有效的知识。如同精确的天气预测不能只依靠时序的温度、湿度、风向、风速与云况的数据，还需要大量的横向比对数据。在实际应用中，任何一个群体与个体都无法具备足够多富含意义的多维度数据以实现数据转化为知识后的高效应用，这就需要全社会，尤其是跨行业、跨部门之间形成顺畅的数据流转机制。数据在未经流通之前没有价值，一经流通并被利用之后也会贬值，真正能对社会产生贡献的是从含有意义的数据在实时处理中得到的知识。诺伯特·维纳在《人有人的作用》中指出，"在变动不居的世界中，能把信息储藏起来而不使其严重地贬值，这种想法是荒诞的……信息，更重要的是流通"，这是一种信息文明社会中对于数据与信息价值的理解与判断，有异于农业与工业文明社会中依靠占有物质与能源而形成生存与发展优势的思维范式。

坚守和发扬人性的光辉

谈及人类终极命运的作品常常引用狄兰·托马斯的著名诗篇："不要温和地走进那个良夜……怒斥，怒斥光明的消逝。"诺兰的《星际穿越》如此，库兹韦尔的奇点系列亦如此。作为最后的总结，奇点理论涉及而没有充分展开的话题，即库兹韦尔所说的奇点来临后的第五与第六阶段，其实是我们每一个人都需要认真思考的话题。

按照当前认知科学的主流观点，人类是依据"眼、耳、鼻、舌、身"的五感，或者被科学家更加细分的 30 多种人类能够察觉到的感受而形成的电化学信号，通过神经的传导至大脑进行相应的信号加工与处理，从而产生意识的；人类的行动能力则来源于大脑通过神经发出的电化学信号驱动肌纤维形成的收缩与舒张作用。这两种意识生成能力和人体行动能力都正在被同样具备环境感知、信号传输与处理和行动能力的机器所赶超，只不过对于机器而言，传感器代替了人类的感觉器官，通信网络代替了人类的神经，人造神经网络代替了脑神经，电机代替了人类的肌纤维，电子的流动代替了三磷酸腺苷的生成与转化。按照这条路做下去，很难想象机器不会最终全面超越人类，也因此产生很多有关人类未来的悲观论调。但是，人类真的就只是这么简单的构成吗？

当人们开口闭口都是图灵之时，有没有想过维纳、罗素、哥德尔、王浩所思考的问题？当人们开口闭口谈论大脑机制的同时，是否也会思考一下久未提及的心脑连接和肠脑连接？我们有没有思考过科学理论，从本质而言是一种归纳逻辑，只提供"是什么"（What）与"如何做"（How），并不承诺提供"为什么"（Why），那么在这样一个事关全体人类未来的重大问题上，是否只能由计算机科学家推动？哲学家呢？如果哲学家因为不具备最先进的科学知识而无法提供有科学依据的观点，我们有没有思考过为什么哲学家不可以同时也是科学家、计算机学家呢？要知道，上一轮人类科学革命的先锋人物，大都同时是哲学家、艺术家或神学家，从何时开始，人类自以为科学、哲学、艺术与神学是分裂的呢？为什么非要非此即彼，而不可以互相借鉴呢？这种种的问题，其实都指向了人类生存与发展的根本问题，即"何以为人"以及"何以益于人"。

到目前为止，人类并未就此问题达成共识，也因此，我们每一个人，作为人类群体的一分子，都有必要，也有责任参与这个事关人类未来，直接影响到我们将为下一代人留下一个什么样的地球的探索与实践。这个责任已经无法推卸给别人或者下一代，我们这一代人就是当事人和"始作俑者"。如果我们这一代人甘心"温和地走进那个良夜"，而不是以自身的微薄之力，努力学习，努力实践，为自己，为旁人，也为了人类的未来探索出一条属于人类的未来之路，那么我们将如何回答库兹韦尔在本书中提出的灵魂之问：这场变革如何影响人类的身份和使命感？

"机器知能，能所之辨；如影随形，虽有非实"

相比于《奇点临近》，《奇点更近》的最大不同在于对于超级 AI 与人类融合的分析与判断，由于我的工作关系，我花费了大量精力与时间学习和实践有关 AI 在人类工作、学习与生活领域的应用。越是研究深入，越认识到人工智能这个名称本身所带来的歧义性与误导性，就像库兹韦尔在本书中第 2 章所介绍的，尽管近 70 年前约翰·麦卡锡将这个新兴科学领域命名为"Artificial Intelligence"（人工智能，简称 AI），他本人对于"Artificial"这个词不是很满意，他的理由是使用"Artificial"似乎意味着这种智能并不是真实的。其实前文提到的赫伯特·西蒙曾经专门写过一本洋洋大作，书名居然是"The Sciences Of The Artificial"（人工科学），Artificial（"人工"）这个概念本身就值得写一本专著！而"Intelligence"更是一个充满歧义的名词，单就 Artificial Intelligence 的中文翻译而言，就起码同时存在"人工知能"、"人工智能"和"人工智慧"三种译法，那么我们真的已经对人类大脑表现出的能力达成共识了吗？

在我看来，起码在目前阶段，机器通过对数据的计算所表现出来的，更多是 DIKW 信息金字塔的理论所定义的知识的层面。知识是分立的、专业的、深入的、形而下的；智慧是综合的、融汇的、深刻的、形而上的。正是对于知识能力与智慧能力的混淆，再加上工业文明下的教育体系本就倾向于将人类培养为机器，重视培养人类的知识获取与记忆能力高过重视培养人类的智慧涌现与升华能力，因此当机器根据其计算和存储的优势而体现出远超人类的知识能力以后，人类就完全丧失了自信。当然，如果人类自我约束为一个知识机器，仅依靠博闻强记、精确执行的机械力来体现自身的价值，而不是通过创新试错、天真烂漫的本性发挥人类的特长，人类的世界迟早会被具备同类而又更为优秀能力的机器所吞噬。

但是从人类社会发展历程来看，人类这种物种具备顽强的生存能力与适应性，只是由于人类天性的懒惰，或者更精确地说是基于无尽追求能量节约的物种生存机制而造成的懒惰，人类在没有遭遇重大生存危机的情况下倾向于保守等待。好处是一旦生存风险超越某种阈值，人类通常会爆发出顽强的生命力，出现"山重水复疑无路，柳暗花明又一村"的人生风景。

这种转机不会凭空降临，需要人类理解人机融合历史潮流中所面临的真正问题，其实就是人机关系问题。考虑到未来的智能学习机器大都会学习到人类的整体知识，人类需要充分理解知识与智慧的关系，才有可能分清人与机器的关系。可惜的是，这个领域是人类还未充分研究、理解与掌握的领域。但是有一点是确定的，它与语言能力有关，与符号学有关，与实体 –表象 – 精神有关，也与波普尔的世界三元组或皮尔斯的符号表征三元组有关，即与物理世界、精神世界和符号世界相关。一旦进入这个领域，我们或许可以尝试借鉴一下古人的智慧做一个总结，如本节标题所述，理解机器的潜能和未来的趋势，首先需要理解人类智慧的来源，才有可能定义机器具备的到底是智能还是知能，其本质是对于"能指"与"所指"的辨析。当然，古人给出了那个时代的答案，那就是所有的符号，包括通过符号表征的知识，也包括当前智能学习机器通过符号学习到的知识，这些都属于"能指"的范畴，它们都像影子一样追随着代表"所指"的形体，我的理解是，这种形体在概念上也应该包括广义的各种实体与现象。虽然这些能指符号看似与所指的现象一致，但可能都是虽有实空的假象。那么，对于机器而言，它到底学到了什么？对于人类而言，何为智慧？何为真相？何为真实？

打开这条思路之后，感兴趣的读者就可以在现象学与唯识论领域继续探索。依据这条路径的探索得到的不会是唯一解，也可能不会是最优解，但是以我自己的体会，这种跨界思路的开阔，可以促使我们在智慧的海洋面前更加谦卑，更加坚定继续在无尽宇宙内探索真相的决心与信心，可以让我们认识到在人类技术发展到这么初级的阶段就尝试下这么多断言，可能操之过急。人类在发展的过程中被逼入一个墙角，有可能是绝境，也有可能在墙角深处有一个小门正等待我们努力地推开，或许在这个即将被我们打开的小门背后，隐藏着人类继续探索宇宙奥秘的星辰大海。这种理解，也是本书中所提及的宇宙进化第六阶段的另一种解读，当然这是我的解读，如统计学家乔治·博克斯所言，"所有的模型都是错误的，只不过有一些是有用的"，重要的不是我的解读，也不是库兹韦尔的解读，重要的是你自己的解读，那么，你自己的观点是什么呢？

02

在奇点，人与 AI 融合

万维钢
科学作家
得到 App《精英日课》专栏作者

　　未来学家雷·库兹韦尔在 2024 年 6 月 25 日刚刚出版了新书《奇点更近》。你可能知道，库兹韦尔在 2005 年出了本书叫《奇点临近》，引发了轰动。可以说，此后将近 20 年，人们一提到未来会怎样，就会提到他那本书。

　　当时库兹韦尔提出，AI 将会在 2029 年通过图灵测试，我们将会在 2045 年迎来奇点。人们一度认为，他说的太乐观了，甚至过于离奇——但是最近的 AI 突破可能比他想的还要更乐观。图灵测试已经没什么意义了，现在任何一个主流大模型都比大部分人聪明，我们更关心的是 AGI，也就是比所有人都聪明的通用人工智能什么时候能实现。时间点很可能早于 2029 年。

　　所以，库兹韦尔的预测还是靠谱的。在这本新书中，他坚持了自己的预测，而且更坚定了。我们今天距离 2045 只剩下 21 年，奇点更近。

　　书中一个最好的消息是：**如果你能健康地再活 15 年左右，坚持到 21 世纪 30 年代末，那么根据库兹韦尔的预测，到时候长寿科技会取得决定性的突破，你将会继续健康地活很多很多年。你会见证 2045 年的奇点时刻，享受我们现在难以想象的美好生活。**

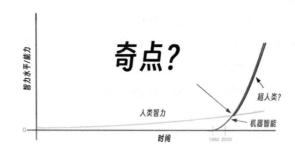

人与 AI 融合

雷·库兹韦尔的《奇点更近》这本书中最独特的设想，是通过脑机接口，让人脑和 AI 融合在一起。

希腊神话中有个女神叫卡珊德拉，她是特洛伊的公主、阿波罗的祭司，擅长对未来进行预言。可是她又受到某种诅咒，没有人相信她的预言。卡珊德拉的预言往往跟灾难有关。库兹韦尔在书的结尾跟卡珊德拉有一番对话，不过这一次是卡珊德拉提问，库兹韦尔预言。这番对话的核心就是人与 AI 的融合。

卡珊德拉说，如果 AI 如此强大，它自己就能完成各种工作，那它为什么还要与人类大脑连接呢？你仔细想想是不是这样，人难道不是一个累赘吗？我们为什么不坐等 AI 把事情办好，然后向我们汇报呢？

库兹韦尔的回答是，**这纯粹是因为人类自身的需要。我们需要人生的目的和意义，为此我们必须参与工作，可是我们的大脑又跟不上 AI 的节奏，所以我们必须跟 AI 融合。**

一开始，我不太喜欢库兹韦尔这个建议，因为我认为哪怕不搞人机融合，人也有意义；哪怕 AI 再强，人也有人的用处。人的作用主要在两个方面。一个是输出主动性。就是你的人生经历、你所在文化的历史、你的基因，所有的一切微妙元素共同决定了你喜欢什么、想要什么。因为涉及的因素实在太多也太细微，其中很多早已无法数字化，所以 AI 永远都没办法预测你的喜好。而且因为 AI 自身没有历史也没有人生经历，所以它们没有自己的人生意义，所以它们应该服从于我们的人生意义和我们的价值观。因为我们是历史演化的产物而 AI 可以随便复制，所以我们比 AI 更宝贵。另一个是拍板做决定。哪怕 AI 能力再强，鉴于最后承担决策后果的是我们而不是他们，它们也只能建议，最终的决策权必须在我们手上。

库兹韦尔没讲这两个意义，他只是说如果人不参与工作，会感到很难受。我对工作不工作倒不是很担心。但是上周末我去看了电影《异形：夺命舰》，其中有很多人和"人造人"（artificial person）互动的剧情——我越看，就越觉得很多决策直接交给 AI 似乎更好……人反应太慢，而且有时候不是很理性——但是女主角大多数时候原则性强而且经常能获得灵感，智商绝对高于 AI。

不管你怎么做思想实验，把人的价值观和灵感与 AI 的算力、判断力及执行力结合起来总是好的。尤其在危急或者多变的时刻，人必须做出实时的决策，等 AI 用语音汇报都来不及，还是用脑机接口直接心灵感应最方便。

所以，未来的局面会比科幻电影更激进，只是场面上可能没有那么多戏剧冲突：到时候根本分不清谁是人、谁是 AI。

库兹韦尔的建议是把云端的 AI 算力作为大脑新皮质的扩展。这样，我们在自身大脑的新皮质之外，又通过 AI 增加了更多、更快的新皮质，从而大幅提升思维能力，也许可以提高数百万倍。

我们知道，新皮质跟大脑最近的几次进化突破都有关系，代表最高的智能。我们能模拟，能有心智理论，能理解抽象概念，能通过语言和他人交流，能建立共同的想象，都是因为新皮质。我们跟黑猩猩的大脑结构几乎完全一样，只是新皮质比它们多，就能随意使用它们完全无法理解的概念，那如果我们自己的新皮质再扩大百倍千倍，又是一种什么境界呢？

而且让大脑直接接入 AI，能突破输入、输出的瓶颈问题。你想过没有，人类大脑的能力很可能受到了输入、输出方法的限制。你有一个想法要表达出来，现在要么是通过语言，要么是通过动作，这两个方式都比较慢，而且往往不精确。有时候你心里有，但是你表达不出来，找不着合适的词，或者没有那个技能。

比如，明朝著名文化人王世贞是个书画鉴赏家，传说他就是《金瓶梅》的作者。他非常懂，也很喜欢谈论书法，但是自己写不好，所以他有句话叫"吾腕有鬼，吾眼有神"——我的审美力是神级的，但是我的手没练好，表达不出来。

如果放到现在，王世贞可能适合用 AI 作画。那何必非得用语言表达呢？何必非得先把你的意思翻译成一个具体的动作或者笔画，再交给外界处理呢？如果你的大脑直接跟 AI 连接，只要心意一动，设计图上若干个元素立即变化，那是什么境界？你出图可能不比 AI 慢多少，而且完全合心合意。

更好的是，大脑与 AI 融合之后，也许我们能感知到各种新的、之前没有的感觉。

爱德华·威尔逊在《创造的本源》一书中表达过这个意思：人类的文艺受自身输入、输出能力的限制太大了。很多动物拥有的视觉、听觉、嗅觉范围我们都没有达到，如果有一种技术能把动物的那些体验直接传递给人的大脑，那又是什么样的感觉。

库兹韦尔也设想，与 AI 融合之后，我们将可以欣赏更为复杂无序的事物、非语言的想法和难以名状的美感。那时的文化艺术该有何等的发展？

再比如，现在 AI 的思考过程对人类来说是一个黑盒子，那如果我们与 AI 融合，也许就能直接感知它们的情绪和直觉：这个化学分子式给你一种什么感觉？那个磁场位形为什么让你紧张呢？我们到时候也许能理解和欣赏一些现在无法想象的高难度抽象概念……

　　但我们必须先解决脑机接口的一些技术问题。马斯克的 Neuralink 公司搞脑机接口，终极目标就是让人和 AI 融合。路线很清楚，但是有好几个难点，比如，信号翻译问题。我们现在对外交流主要通过语言，而语言表达不是天然的，是后天在各个文化系统约定俗成的表达中习得的，需要每个孩子从小学习。对大脑来说，这意味着不同的人的大脑活动表达的意思是不一样的。

　　你怎么知道这几个脑区的活动代表哪个意思呢？从神经活动到语义的映射并不是直截了当的，不同的人有不同的情况，而且考虑到大脑的可塑性，同一个人在不同的时间、环境或者情境下，大脑活动和语义之间的对应关系也可能发生变化。你怎么才能一看大脑就知道它想说啥呢？

　　现在的办法是机器学习。给每个人弄一套数据集，训练一个单独的 AI 大脑翻译界面。Facebook 赞助的一项研究在 2020 年取得了效果，研究方式是，给人戴个头盔，让人默念一些口语句子，通过机器学习把捕捉到的电信号和句子里的单词做一一对应。

　　这个研究达到了一定的准确度。也就是说，你只要想，计算机就可以通过头盔知道你想的是哪个词。不过，Facebook 在 2021 年停止了这个项目。之所以停止，也许是因为这种非侵入式的脑机接口的分辨率太低，前景有限。

　　从大脑外面测量大脑活动，只有两个办法。一个是用功能性核磁共振成像，这里扫描的是大脑各处的血液流量。哪个脑区血液流量有变化，哪个脑区就在搞活动。这种成像的位置比较精确，但是时间有延迟。关键是我们思考靠的是神经元之间互相发射电信号，而血液流量变化都是在电信号之后发生的，中间有少则几百毫秒、多则几秒的延迟。这就使得你难以精确把握哪个流量对应的是哪个想法。另一个办法是戴头盔测量脑电波。这回是直接测电信号，没有时间延迟，但是因为中间隔着头骨，你很难精确测定一个信号是从大脑中哪个位置传出来的。脑电波信号的空间分辨率很低，几个立方厘米的区域中有无数个神经元，你无法描写精细的想法。

　　更何况这些还都只是输出。如果再考虑到从 AI 到大脑的信息输入，非侵入方法就更没戏了。

　　要想实时、精确读取大脑信息，乃至于给大脑输入信息，就必须突破头骨，直接跟大脑接触。这就是"植入式脑机接口"（implanted brain-computer interface, BCI）。

　　2024 年 1 月，马斯克的 Neuralink 在美国食品和药物管理局的允许下，把一个芯片植入了一个人的大脑。这个装置有 1 024 个电极，接入大脑的运动皮层，能处理神经元信号。所有信号被传递到植入的芯片之中，这个芯片做些处理，再通过无线网络传输到外边的计算机上。为了确保手术顺利，Neuralink 甚至专门开发了一个手术机器人。实验取得了成功。受试者现在可以用大脑直接控制鼠标，可以在手机上打字。

这只是第一步，只考虑动作意念的输出。如果要考虑所有的大脑信号，未来的脑机接口需要在整个新皮质中布满电极——如果用这种接线方式，那个手术就太大了。

库兹韦尔认为，唯一的办法是等到 21 世纪 30 年代，纳米机器人成熟之后，以血液注射的方式让纳米机器人遍布大脑，不但能接收而且能对大脑传递信号。到时候人们不需要做手术就可以接上云端的扩展大脑。

在库兹韦尔和卡珊德拉的对话中，卡珊德拉还给了一个预言，那就是政府监管。卡珊德拉说，因为脑机接口的操作必须往大脑中植入异物，不管你说的多安全，政府也不太可能大力支持。所以，她认为人与 AI 的融合将会因为监管法规而被推迟 10 年。

这个猜测很有道理。现在政府批准做脑机接口实验的受试者都是瘫痪病人，他们因为脊髓损伤，或者患有渐冻症，大脑的动作指令不能传递到四肢。对这些患者来说，接入脑机接口的潜在好处大于风险。而对健康的人来说，那是一点点风险都必须非常慎重才行。

我的看法是，前面还有太多不确定性。如果脑机接口只是可以让人用意念移动光标或者机械四肢，那对健康人来说没什么价值。而脑机接口到底能不能实现比语言和动作、比人的五感更快、更准确的输入与输出，现在还没有实验证据。

但是很明显，人脑要升级，就非得走这条路。

但真人也只是信息

这一轮 AI 兴起之后，"数字分身"成了一个热门项目。你给一张照片加一段录音，AI 就能生成你说话的任何视频；如果能提供更多素材，比如你的几百篇文章和发言稿，就有人可以训练出一个能代表你说话的数字分身。 库兹韦尔在《奇点更近》中说，他给已经去世的父亲做了一个数字分身，所以经常可以跟父亲对话。这一切都还非常初步，真实感可能还没有那么强，我们并没有十分认真对待。而在奇点时刻，分身将会是一个社会问题。到时候分身就不是数字的了，分身将是实体的，借用电影《异形》的说法，他们应该被称为"人造人"。

结合库兹韦尔的预测，我们可以想想要怎么对待这些人造人。

库兹韦尔描绘的路线图是这样：

21 世纪 20 年代末，也就是在五六年之内，AI 将可以使用你所有的照片、视频、文字聊天记录、健身、浏览和购买记录，也许再加上别人对你的评论，给你创造一个栩栩如生的虚拟数字分身。TA可以代表你去做很多事情，比如替你在一部电影或者游戏里出镜。

21世纪30年代末，人造人将会实现，你可以有一个真人分身。因为纳米生物技术，TA的身体可以是碳基的，也许是直接用你的基因制作身体。

21世纪40年代初，纳米机器人将可以进入人的大脑，抓取所有的记忆和个性数据，那么1:1地真实复刻一个你将可以实现。

身体对人的意识是有影响的，比如，心跳和肠道都会影响思维与感知，所以身体的复刻还是很重要的。有的哲学家建议应该复刻大脑神经元的所有连接，甚至在每一个细胞层面进行复刻，有人甚至认为必须考虑量子层面才行。但是请注意，物理学根本不允许量子层面的精确复刻，那会违反不确定性原理……

不过在库兹韦尔看来，既然大脑只是一个信息处理装置，而且现在没有任何证据表明大脑受到量子效应影响，我们不用复刻得那么精细。也许一个内部使用简化材质、外表使用真实皮肤的机器人就够了。

设想一下，这样的机器人大规模出现的时候，劳动力问题肯定是解决了，没人还会抱怨社会老龄化。但库兹韦尔关心的是，如果很多人都有这么一个分身，我们应该如何对待这些分身呢？

TA们也有充分的人权和公民权利吗？你犯下的罪责、你欠别人的债，你的分身有义务帮你承担吗？你的财产应该分给TA吗？假设你的丈夫或者妻子去世了，别人给TA做了一个分身，你有义务跟分身结婚吗？

到时候，怎么办也许取决于人们相信分身有多真实。但是有三个基本问题，我们可以先思考一下。

第一，分身做得再好，也不可能百分之百代表你。神经元都是电信号，很多东西难以数字化，就算用纳米机器人全面扫描大脑，其中也一定有测量误差。就算没有误差，真的1:1复刻，这个分身自从"出生"那一刻起，也就跟你不一样了，因为你们俩此后的经历不可能一样。

第二，按理说，分身不会让你真正永生。如果我感到自己现在的身体整体都不行了，别人给我弄了个全新的身体，我能像换衣服一样迁移到新身体上去，从而实现永生吗？不能。因为这里没有代表生命本质的"灵魂"可以迁移，这只是把一个软件从一台电脑复制到另一台电脑而已。对原来电脑上的那个软件来说，身体还是这个身体，自己还是这个自己，只是多了一个复制品。

第三，人的意识不是什么神奇的超自然现象，它只是复杂计算涌现的结果。有智能不等于有意识，但如果 AI 足够智能，它可以表现得很有意识，又或者假装有意识。而哲学家推测，到时候我们将没有任何科学方法能判断眼前的人造人到底是不是真的有意识。

这三个问题的答案并不是肯定的。最大的麻烦就在于人造人可以有意识。因为如果你相信人造人有意识，TA 能感受到痛苦，那么你就应该尊重 TA 的人权。那你可能会说，真人就是真人，人造人就是人造人，这两种人的生长过程完全不同，所以我们应该立法规定只有真人才享有人权，这有什么难的呢？难处在于，这种区别对待的逻辑说不通。真人和人造人并没有本质区别。

你可能听说过一个古希腊典故叫"忒修斯之船"，差不多是下面这个意思：假设有一天你的胳膊受了重伤，没有治疗价值，干脆换了个新胳膊，跟原版的尺寸一样，但是更健壮，你很满意。请问，换了新胳膊的你还是你吗？当然是。过了一段时间，你觉得现在市面上这些新部件真挺好，就把另一条胳膊和腿也都换了。又过了一段时间，你把躯干、把整个身体都换了，只保留头部没动，那请问现在的你还是你吗？应该还是的，毕竟大脑才是关键。

当然，直接换头肯定不行。但如果我们把你的脑组织稍微更换一小部分，比如每年换个5%，你觉得行不行呢？这可以杜绝一切神经退行性疾病，能确保你不得阿尔茨海默病。你表示可以。可这就意味着，20 年之后，你的大脑也被全换了。那现在这个人还是你吗？你和人造人到底有什么区别？你知道更可怕的是什么吗，是我们其实已经在换了。

我们身体中绝大部分细胞都是定期更换的。皮肤细胞每二到四个星期就完全更换一次。血液中的红细胞寿命只有 120 天，到期就换。白细胞的寿命只有几个小时到几天，血小板的寿命则是 7 到 10 天。胃肠道的表皮细胞每二到九天更新一次。肝脏细胞的寿命相对较长，大约每 300 到 500 天更新一次。可能你以为骨骼是永久的，但其实骨骼组织也在更新，只是比较慢而已：大约每 10 年，人体的骨骼组织就会几乎完全更新一遍。心脏是非常长期的，因为心肌细胞的更新速度非常慢，每年大约只替换 1%，如果你活得足够长，你的心脏也等于是被换过。

肌肉细胞一般不分裂，但其中的蛋白质和其他组成部分会不断被合成和分解，所以肌肉组织在分子水平上有部分的更新。

大脑中的神经元一旦长成就不再分裂了，也不会被替代。但是神经元的内部结构和功能成分会被频繁更新，比如线粒体、神经微管、突触蛋白、受体等，都会被循环替代。

那你说哪些部分才是真实的你？其实就算是那些几十年未曾离开我们的物质，也不能说就是我们身份的见证。那些物质也只不过是由普通的原子和分子组成的！它们没有任何特别之处，该换还是可以换。

这样说来，不需要什么奇点技术，今天的你和小时候的你相比，早就已经是个全新的人了。

那到底是什么让你相信你还是你呢？

这让我想起贺知章《回乡偶书》中的一首：

> 离别家乡岁月多，
> 近来人事半消磨。
> 惟有门前镜湖水，
> 春风不改旧时波。

那么多年过去，人和事都变了，那到底还有什么不变的东西，让家乡还是我的家乡呢？也许只有门前的湖水：风一吹，波浪还是旧时的模样，而且不变的只是模样。以前湖里的水分子早就蒸发循环掉了，现在的湖水全是新的。春风不改旧时波，只是水波动的模式没变。或者严格地说，是水的波动延续了过去的信息。"延续"比"不变"更能说明本质。现在的我们不但身体中的原子、分子大多换过，所思所想也跟以前大不相同，但我们是过去的延续，所以我们还是我们。

原子、分子这些物质全都是可替换的，原子、分子的排列模式也是可复制的，那些都不能说明你是你。以我之见，真正让你是你的，是你的自我叙事的延续。把意识上传到另一个分身上不算是让人永生，但是一点一点地替换身体，只要能保持自我意识的连续性，也许可以算是生命的自然延续……

但是在这个图景之下，我们可以想想，当我们很在意一个"人"的时候，我们在意的究竟是什么。

库兹韦尔提出了问题，我想尝试给个答案。

假设，现在有人找到有关爱因斯坦的一切信息，做了一个爱因斯坦分身。如果你只是想体验一下跟爱因斯坦聊天，你可能并不在意这只是一个分身。但如果要我们严肃对待这个分身，那我们真正想要了解的是，面对今天这个时代的大问题，爱因斯坦会有什么说法——请注意，这时候我们想要的不只是"像"。

我们真正想的不是"当年的爱因斯坦会怎么看这个时代"，我们想要的是如果爱因斯坦活在今天，在他本人也被这个时代影响的情况下，他会说些什么。

那个分身恐怕不知道该说些什么，因为当年的爱因斯坦不知道今天的爱因斯坦会说些什么，正如今天的你不知道 2045 年的你会说些什么。而恰恰因为不知道，到时候说出来才是有意思的。

如果人造人不能随着时间演化，我们要 TA 有什么意义呢？如果人造人能随着时间演化，TA 像不像又有什么意义呢？分身只是一个执念罢了。

你想用 AI 分身复活一位亲人吗？对我来说，我更想知道如果我爸爸活到今天，他会如何，而不只是回忆生前的他是如何。

03

通向超人类未来的路线图

芦 义

Brilliant Phoenix 合伙人

前微博平台负责人

就在前不久，埃隆·马斯克的脑机接口公司 Neuralink 成功在第二名患者的大脑中植入了 N1 芯片。在知名科技播客节目 Lex Fridman 对其团队最新的采访中我们得知，N1 植入物约为一枚 25 美分硬币大小，厚度仅 9 毫米，包含 64 根柔性的比人类头发丝还细很多的电极线，它们可以深入大脑内部的指定区域；这些细线每根上有 16 个电极，这次植入了 1 024 个电极，比上一代多了 4 倍。

Neuralink 被定义为一个可读取和生成生物电信号的通用通信平台。长远来看，它的目标是通过增加人类和机器之间的通信带宽，来改善 AI 与人类的共生关系，缩小双方沟通带宽的差距。当 AI 之间的交流带宽达到兆级别的时候，人类目前的交流速度就像对着树木说话一样缓慢。预计 5 年内，Neuralink 电极数量和信号处理能力将大幅提升，可能达到每秒 1 兆比特的速度，远超人类目前的交流速度。高带宽的人机交互可能会改变人类的思维和交流方式，创造全新的交互模式。

这一突破性进展让我们看到了人类大脑与机器直接连接的曙光。不远的将来，我们可能通过思维来控制设备、提升认知能力，甚至直接下载知识到大脑。

试想一下，随着计算机不断自我进化，人类找到了与机器融合的方法。我们的大脑连接到了一个存储容量达百万 PB (Petabyte) 的神经网络。通过这个不断扩展的信息通道，我们经历了前所未有的提升，仿佛戴上了上帝的面具，成了机器中的灵魂。我们超越了人类的局限，成了能感知一切，甚至能感受到物质如何弯曲空间结构的存在。人与人之间的隔阂消失了，自我意识和灵魂融为一体。孤独和悲伤成了过去式。

这听起来像是科幻电影，但实际上正在成为现实。就像未来学家雷·库兹韦尔在其 20 年前的经典著作《奇点临近》中的预言：2029 年左右，AI 将达到人类水平，而在 2045 年左右，人类将迎来"奇点"——技术进步如此之快，以至于让库兹韦尔的预言都显得过于保守了……

在 2022 年 11 月底 ChatGPT 发布之后，我们目睹了生成式 AI 在接下来一年多内爆发式的发展。除了 OpenAI 之外，来自 Anthropic、谷歌还有 Meta 公司的大语言模型都展现出惊人的能力，它们不仅能进行自然对话，还能创作文章、写代码、解决复杂问题，这让我们看到了 AGI 的雏形。库兹韦尔预言 AI 会在 2029 年通过图灵测试，但现在用过最先进的大语言模型的人都会相信这些 AI 已经能够完全骗过人类了。由于 AI 革命发生得始料不及，而且来得太快，库兹韦尔与时俱进地带来了他的新作《奇点更近》。这本书不仅是对前作的更新，更是对人类未来的全新展望。库兹韦尔认为，我们正处在人类历史上最重要的转折点，即将迈入一个全新的时代。

在这本新书中，库兹韦尔从更大尺度上描绘了宇宙与人类发展的六个阶段：

- 第一阶段（非生物）：宇宙大爆炸后，基本粒子和原子形成，并演化了百亿年，为复杂生命的出现奠定了物理与化学基础，这是宇宙的奇点；

- 第二阶段（生物信息）：RNA/DNA 这样编码遗传信息的结构导致了可以自我复制的生命出现并进化，这个阶段持续了数十亿年，这是有机生物的奇点；

- 第三阶段（大脑）：动物经历了数亿年进化出神经系统和大脑，能够存储和处理信息，最终演化出了智人这样具有复杂皮质层的高级智慧，这是智能生物的奇点；

- 第四阶段（工具）：人类利用大脑创造工具和技术，例如电脑和 AI，它们扩展了我们的能力，这个阶段只有几万年历史，这是智人的奇点；

- 第五阶段（人脑与 AI 的融合）：我们正处于这个阶段的早期，通过脑机接口等技术将大脑与计算机连接，也许每隔几年我们的能力将会有一些阶梯性提升，这是下一个奇点；

- 第六阶段（宇宙觉醒）：智能将扩展到整个宇宙，将普通物质转变为能进行高密度计算的"计算介质"（Computronium），进化将会以"秒"来计算。

库兹韦尔认为，我们正处于从第四阶段向第五阶段过渡的关键时期。在未来几十年里，技术进步将加速到前所未有的程度，彻底改变人类的生存状态。

AI 的突飞猛进我们已经有目共睹，几乎所有的从事 AI 研究的专家还有处于这一领域前沿的公司，都乐观地预计，在 21 世纪 30 年代，AI 将在所有领域全面超越人类。这将带来科技创新的爆炸式增长，改进医疗，加速科研，推进生物技术、纳米技术、新材料以及核聚变技术的解锁和进步。

到 21 世纪 30 年代，我们将能够重新编程人体，逆转衰老过程；纳米机器人将在体内修复损伤，维持健康。还有脑机接口的普及，就像 Neuralink 展示的那样，我们将能够直接连接大脑与计算机，这不仅能治疗各种神经系统疾病，还能极大提升我们的认知能力；随着 VR 和 AR 的成熟，我们将生活在物理和数字世界的融合之中，现实与虚拟的界限将变得模糊。库兹韦尔甚至大胆预测，到 21 世纪 30 年代后期，我们将能够上传思维，实现数字永生。所有这些技术的融合，将带来人类历史上前所未有的变革。这很科幻，也非常赛博朋克，但人类在科技加持之下，极有可能向碳基混合硅基的方向演化，我们将超越生物学的局限，成为后人类或超人类。我们的智能将呈指数级增长，最终达到"奇点"。

当然，这样的未来也伴随着巨大的风险和挑战。AI 可能失控，纳米技术可能会导致无限复制的灾难，基因编辑也可能被滥用，让人类陷入进化的歧途。我们必须谨慎地发展这些技术，确保它们造福人类。库兹韦尔在书中也深入探讨了如何应对这些风险。《奇点更近》是一本令人着迷的未来学著作，库兹韦尔以其深厚的科技洞察力和大胆的想象力，为我们描绘了一幅激动人心的未来图景。无论你是否认同他的所有观点，这本书都会让你对人类的未来有全新的认识。

关于接下来会发生什么，我们无从得知。也许我们会像希腊神话中的泰坦巨人阿特拉斯一样，跨越每个星系，在浩瀚宇宙中孕育和照料新的生命。又或者，这种宏大的愿景只是源于我们内心的某种缺失，而这种缺失已经被无限连接所填补，使我们不再有探索宇宙的冲动。无论如何，这是一个非凡而令人欣喜的未来，一个"人类"似乎已经胜利的未来。但人类的本质已经被彻底改变。现在存在的生物，与曾经在非洲大草原上漫游或生活在纽约和孟买这样现代城市中的人类已经完全不同。也许这就是整个人类历史的终极目标：通过不间断的文明进程，最终使人类成为一个奇妙机器的一部分。也许这是人类心智与超级智能达成一致的唯一方式。尽管如此，我们仍然无法确定，在这场变革中，最终是人类赢了，还是机器赢了。

04

人与 AI 融合的奇妙之旅

吴 晨

著名财经作家，晨读书局主理人

《经济学人·商论》原总编辑

AI 赋能的时代会是什么样子，未来学家库兹韦尔在《奇点更近》中为我们勾勒出一幅壮丽的图景，与 AI 融合，人类将开启奇妙的旅程，思维能力爆炸式增长，创造力爆棚，也能不断解决从疾病到衰老等一系列问题，达到某种程度的数字永生。

过去两年，生成式 AI 的狂飙显然让库兹韦尔信心爆棚，机器是否会取代人，甚至伤害人类，已经不在《奇点更近》的讨论范围之内了。相反，他把目标锁定在"人与机器"的结合可以释放出多大的创造力上。

库兹韦尔首先更新了奇点的定义："我们将与 AI 融为一体，并利用比人类强数百倍的计算能力来增强自己的能力。"融入，让 AI 赋能人类，这是一个更加奇妙的未来。

这种期许基于三方面的假设。

首先，AI 与人类有着不同的智能。AI 与人类不同，不太可能更像人。人类的智能其实是各不相同的认知能力的结合。同样，我们也应该把 AI 的进步看作一系列独立技能的集合。在一些方面，AI 已经具备了超人的能力，比如运算的速度，能够处理海量的数据，更重要的是它将延续过去 60 年一再被验证的"摩尔定律"，算力每两年翻一番，呈现出持续的指数级增长的态势。在另一方面，AI 很难变得像人。AI 尚需跨越三个重要的里程碑，分别是情境记忆、常识理解和社交互动。换句话说，AI 仍然无法构建一个关于现实世界的模型，也无法设想不同场景，并预测现实世界中可能发生的后果；同样，它也难以做到换位思考，用别人的视角观察世界。这些都是人类特有的能力。

如果我们假设 AI 未来的发展不是变得更像人，而是在它更擅长的领域内保持指数级发展的态势，人与机器的融合就变得顺理成章，奇点意味着 AI 赋能的以人为主导的"超人"

的诞生。

其次，AI作为最新也为重要的通用目的技术（GPT，general purpose technology），不仅自身会持续指数级的发展，同时也会成为其他一系列技术发展的重要推动力。这些技术，不仅涵盖了我们人类社会未来发展所需要的各种重要技术，比如可再生能源（可再生能源取代化石能源的速度可能比我们想象的更快，仅光伏一项，如果能够在材料学和转化率上大幅提升，就能带来惊人的效果），比如说垂直农业等。更重要的是，它将成为一系列领域突破的智力基础，比如纳米技术。

《奇点更近》可以说把大部分人类社会和与人自身相关的技术变革都寄望于纳米技术的大发展和分子/原子级别的重塑上。在库兹韦尔眼中，纳米技术不仅仅是人类治疗衰老达到"长寿逃逸速度"的重要工具，也是"随心所欲"塑造包括食物在内的万物的基础。这也是不少未来学家的终极梦想，对现实世界的重塑如果能够分拆到原子级别——毕竟这几乎是整个物理世界最基本的建构体——一切皆有可能。

再次，从有形向无形的跨越将变得更加彻底，最终人类自身的智慧也将如此。

从有形向无形的跨越涵盖几个层面。一个最基本的层面是基于VR/AR的智能元宇宙的普及。库兹韦尔预测到了21世纪20年代末，VR/AR技术将融合成一个引人注目的新现实层，在这个数字世界中，许多产品甚至不需要以实物的形态存在。

在此之上是AI赋能的层面，AI和技术融合将使越来越多的商品和服务转变为信息技术，它们也能从数字领域已经出现并为AI加速的指数级增长趋势中获益。在无形主导的未来，万事万物最大的价值在于知识，至于如何制造出来，载体是什么，差别不大。电子书和没有内容的电子笔记本就是最好的比喻，两者可以有类似的载体，但电子书有价值，而空白的电子笔记本一文不值，免费让人使用。产品的真正价值将体现在它们所包含的信息上，即投入其中的所有创新，从创意到其制造过程的软件。

最终是人类的思考与AI的融合。库兹韦尔认为，人的思考是无形的，并不依赖于有形且多变的大脑，一个人身份的完整性是由信息和功能决定的，而不取决于任何特定的结构或材料。换句话说，人类的思考并不完全依赖于大脑，这就为未来"脑机接口"带来的从有形的大脑到无形的"超脑"的跨越奠定了基础。

他预测人类发展将很快进入第五个时代，直接将人类的生物认知与数字技术的速度和力量结合起来。具体而言，21世纪30年代，脑机接口将让人有机会拥有第二个大脑，无论是将自己的思想上传到云端，还是为自己的思考增加算力。到了21世纪40年代初，纳米机器人将能够进入活人大脑，并复制构成个人记忆和性格的所有数据，形成"2号你"，或者说以数字化方式备份我们的思维文件。到了 2045 年，人类的思维能力将扩展数百万倍。

人与 AI 的融合意味着"超脑"的诞生，仅基于生物大脑这种有机基质的心智，将无法与通过纳米精密工程增强的心智相提并论。

显然，库兹韦尔在《奇点更近》中开启了一场特别有意义的思维实验，试图描绘出人与 AI 融合之后的螺旋上升的理想画面。

首先，AI 指数级增长会让人类的思想如虎添翼，形成人机融合的超人。而这种超人的智慧又能解决人类的各种问题，从治疗疾病到延长人类生命；此外，它也将带动在更为广阔领域内深远的创新，重塑物理世界，无论是微观还是宏观。这些再辅之以 XR 创造的虚拟世界智能元宇宙，会带来更加美好的生活。

按照他的畅想，在这一基础之上，人类将跨入第六个时代，人类的智能将延展至整个宇宙，把普通物质转变为能在最密集计算水平上进行组织的计算介质（Computronium）——这其实是超人智能、纳米技术、材料技术的结合，让人类可以用原子为材料重塑世界，搭建未来。

这的确是激动人心的未来。但我想还是需要拉回到现实来讨论。

一方面，在过去 30 年，尤其是在西方国家，我们其实已经很明显地看到了虚拟世界与真实世界发展的脱节。彼得·蒂尔（Peter Thiel）的金句"50 年前，你们就承诺未来会有飞行汽车，可是我们等来的却是 140 个字符（推特、X）"，就比较好地诠释了这种脱节。库兹韦尔也指出，过去 30 年西方的 GDP 或许发展放缓，中产阶层的工资也持续 20 多年停滞，但是以信息 / 知识来衡量，以计算能力来比较，却是呈现出指数级别的增长，普通人的生活也的确在某些方面取得了巨大的改善（你几乎难以想象一个工作和生活中没有智能手机的世界）。换句话说，过去几十年西方以货币计算的财富和收入增长的停滞并没有正确反映出信息技术所推动的生活方式的巨大改善。

AI 是不是那个衔接现实和虚拟世界的超级技术？我想这是我们要追问的根本问题，毕竟我们现在终于等来了飞行汽车，甚至是低空经济的大爆炸，这多少要归功于 AI 进步带来的算力提升。

另一方面，我们又要给那种过度乐观泼点凉水。生物医药领域内的进步可能比我们想象的要慢得多。无论是制药还是医疗，改进往往慢于我们的预期。在疫情期间火速制造出 mRNA 疫苗的两家厂商在转回靶向治疗癌症、创建定制化癌症疫苗的路远比他们想象的更艰苦。所以，库兹韦尔以 10 年为一个单位，认为到了 2030 年人类就能达到"长寿逃逸速度"的预测，很可能过于乐观了。同样，脑机接口、人类意识的上传、创造人类的第二大脑、实现人类调用

AI 的巨大算力塑造出超级大脑，这些到底是科幻般的想象，还是可以加速落地的技术，需要等待更多科研的突破。至于库兹韦尔倾注了巨大热情的纳米领域，许多情节只能说更贴近科幻小说里的场景。

当然，《奇点更近》并没有回避现实中的经济和社会问题。超越金钱和货币，让我们更多意识到知识（无形资产）的价值，找到新方法来衡量算力增长和信息技术给人类带来的福祉，是这本书对未来经济学的贡献。但我们不能忽视市场经济内在的发展逻辑。步入 2024 年最后一个季度，金融市场中对这一轮 AI 泡沫的质疑已经越来越多。巨头对算力的投入到底能否找到可持续（能赚钱）的商业模式？短期内 AI 取代了工作（包括大量的程序员）到底会给社会带来哪些影响？这些问题同样没有正确答案，却很可能影响到未来 AI 的发展，因为没有巨额金钱和脑力的投入，指数级的突破并不会自动到来。

当然，也许 AI 的发展就是会超乎我们的想象。如果真是这样，我们的确距离奇点更近了。

05

奇点更近，人类何为

陈永伟

《比较》杂志研究部主管

《元宇宙漫游指南》作者

奇点：从科幻到现实

在经历了两年的"跳票"之后，雷·库兹韦尔的新书《奇点更近》英文版终于在 6 月底上市了。作为库兹韦尔的书迷，我第一时间找来了新书的电子版，并一口气将其读完了。

在书中，库兹韦尔向读者展示了一个重要的经验规律：信息技术的发展速度按指数规律进行。按照这一速度，人们处理信息的技术能力每年都在翻番。作为信息技术的最典型代表，AI 的发展更是令人惊叹。根据这个趋势，在 2029 年之前，AI 将会在所有任务上都超越人类，通用人工智能将会全面实现。在 AI 技术率先取得突破之后，它将可以赋能很多领域，并助力它们实现快速的发展。由此，在 5 到 10 年内，人类就有望实现"长寿逃逸速度"，到时候人们虽然还会继续老去，但由于医疗技术的改进，他们的死亡风险却不会随着年龄而增加。借助于红细胞大小的纳米机器人，人们将可以直接在分子层面杀灭病毒及癌细胞，从而解决大量困扰人类的疾病，人类的预期寿命将会因此而大幅增长。不仅如此，纳米机器人还有望通过毛细血管无创地进入人类的大脑。它们将和云端托管的其他数字神经元一起，将人类的智能水平提到一个更高的水平。通过这种方式，人类的思考能力、记忆水平和问题处理能力将不再受到脑容量的限制，人的智能水平将会成千上万倍地增长。在上述这一切发生之后，现在困扰人们的很多问题将会迎刃而解：更为廉价的能源将会被发现和使用，农业的生产效率将会大幅度提升，公共教育水平将会显著改进，暴力事件将会大幅减少……总而言之，在 2045 年之前，人类将会迈过"奇点"（Singularity），迎来一个与之前完全不同的新时代。

对于我这样的老读者来说，库兹韦尔的这些观点其实并不新奇。事实上，在 2005 年出版的《奇点临近》一书中，他就对上述的几乎所有观点进行过详细的讨论，从这个意义上看，这次的新书只不过是新瓶装旧酒而已。尽管如此，这次再读到这些观点，我的心境却已和当初大不相同。十几年前，当我读到《奇点临近》时，更多只是将其视为一部科幻小说。虽然库兹韦尔在书中用大量数据向人们展示这个世界的技术在按照指数级速度增长，但包括我在内的很多人却都对此报以高度的怀疑。

毕竟，从当时看，虽然互联网技术正在经历高速的增长，但它除了给人带来更多便利之外，似乎很难对人们的生活方式产生根本性的影响。与此同时，在符号主义的引领之下，曾被寄予厚望的 AI 领域则走入了死胡同，一时之间似乎很难看到可能的突破口。在这种条件下，说 2029 年 AI 的智能水平将全面超越人类，就几乎如同天方夜谭。

神奇的是，后来的历史发展走势却和库兹韦尔的预言惊人地相似。就在《奇点临近》出版两年后，"深度学习革命"就引爆了 AI 领域的新一轮增长。不久之后，AI 的能力就发展到了足以战胜人类围棋的顶尖高手、破解数以亿计的蛋白质结构、帮助设计数十万元件的电脑芯片的水平。而在 2022 年 11 月 ChatGPT（聊天式 AI 程序）横空出世之后，AI 更是在短短一年多内掌握了交谈、写作、绘画、视频制作等原本只有人才能掌握的技能。根据相关的研究，最新的 AI 模型已经在数百种任务中展现出了超越人类的能力。在这种情况下，关于 2029 年 AI 将要超越人类的预言不仅不再显得激进，反而是略显保守了。事实上，很多专业人士都认为 AGI 的到来时间将会更早。比如，DeepMind(开发 AlphaGo 的人工智能公司) 的创始人之一肖恩·莱格（Shane Legg）认为 AGI 在 2028 年之前就可以实现，而特斯拉 CEO 埃隆·马斯克则更是激进地认为人们在 2025 年就将迎来 AGI。

不仅如此，包括纳米机器人、脑机接口在内的众多技术也正在如库兹韦尔预言的那样迅速发展。比如，在 2023 年 1 月，《自然·纳米技术》杂志上就报道了巴塞罗那科学技术研究所的研究人员用纳米机器人携带药物对膀胱癌进行治疗的研究。研究显示，这种治疗方法可以让实验鼠身上的肿瘤缩小 90%。这一成功非常好地说明了库兹韦尔所说的应用纳米机器人来治疗癌症，从而延长人类生命的设想是完全可行的。又如，马斯克宣布他的公司将开展第二例脑机接口手术，同时预测在几年之内，将会有数千名患者将接口装置植入大脑。虽然从目前看这项技术依然存在着很多的不足，但按照现在的发展速度，在不久的将来，人类通过脑机接口与计算机实现意念交互应当不是梦想。如果将纳米技术和脑机接口这两项"黑科技"结合起来，那么实现库兹韦尔所说的人机融合、智能倍增也将是完全可能的。基于以上理由，我们有理由相信，在 2045 年前实现"奇点"在技术上正变得越来越可行。

然而，当人们迈过"奇点"之后，真的能像库兹韦尔所预言的那样，迎来一个前所未有的美好时代吗？在我看来，这个问题的答案其实是不确定的。尽管包括库兹韦尔本人在内的技术乐观主义者们可以举出很多历史的证据来证明迄今为止的技术发展最终都促进了人类福祉的提升，但如果我们简单地用这个规律来预测未来，或许会存在巨大的风险。毕竟，从人类历史上看，没有任何一项技术具有 AI 那样的力量，一旦使用不当，其引发的风险将是难以设想的。

因此，要确保在"奇点"之后我们迎来的会是一个美好的新时代，就需要在奇点到来之前对人与技术、人与人以及人与人类本质之间的关系进行全面的思考，并从中找出办法，确保技术始终沿着有利于人类的方向发展。

当工作开始消亡

按照库兹韦尔的预测，现在距离 AGI 的到来还有大约 5 年的时间。尽管到目前为止，AI 的智能水平尚未全面超越人类，但它确实已经在很多方面超越了人类的水平，这就引发了人们对于 AI 导致的技术性失业的空前关注。

从历史的角度看，技术性失业并不是什么新话题。从蒸汽机的发明，到电力的应用，再到互联网的普及，都曾产生过显著的"创造性毁灭"（Creative Destruction）效应，导致大量基于旧技术的岗位消失，造成很多从事相关职业的人失业。不过，历史上的这几波技术性失业大多是暂时性的。随着新技术的普及，很多新的岗位会被创造出来。

诚然，到目前为止，AI 对就业市场造成的冲击尚不显著，但这并不是说其风险并不存在。在预计 AI 未来可能造成的就业冲击时，人们经常忽略了一个重要条件，即 AI 能力的提升可能是按照指数规律进行的。事实上，如果我们以 2022 年 ChatGPT（AI 对话程序）的问世作为节点，就不难发现 AI 在该节点之后的发展速度要远远快于节点之前。仅以交互这一项能力为例，在 ChatGPT 问世之前，人们花了数十年的时间才让 AI 学会了自由和人对话；在 ChatGPT 问世之后，AI 在一年多的时间内实现了多模态的交互能力。从这个意义上看，完全按照线性的逻辑来外推 AI 能力在未来的增速，很可能会带来十分严重的误判。另外需要注意的是，在 AI 能力大幅度提升的同时，其使用成本还在大幅度降低。目前人们通过 API 调用 AI 模型的成本已经降到了几乎为零。

这种性能的提升和成本的下降加在一起，就让用 AI 替代人类不仅具有了技术上的可能性，而且具有了经济上的可能性。实际上，如果我们多留意一下相关的科技新闻，就会发现在我们不注意的时候，AI 其实已经悄悄替代了很多职业。值得注意的是，仅仅在 10 年之前，人们还认为 AI 只会替代那些程式化较强、重复性较高的工作，而对于那些更需要创意、更需要沟通技能的工作，AI 则很难替代。但是，插画师这个职业曾因工作时间自由，收入相对较高而备受年轻人的钟爱，现在要用 AI 模型来完成插画的话，则只需要几百块钱就可以不限量包月，还可以随时根据需要重新修改。很显然，在这样的对比之下，大多数顾客都会选择使用 AI 而非人类画师，而广大插画师也会由于顾客的这种选择而失去自己的工作。除了插画师之外，包括翻译、程序员、平面设计师等职业也在经受 AI 的严重冲击。只不过这部分经受冲击的人群在劳动力总体中的所占比例较低，所以人们的感受不太明显而已。

那么，这一轮 AI 换人所引发的技术性失业也会像以往那样，仅靠市场的自发调节就能轻松度过吗？对于这个问题，我的看法并没有那么乐观。从根本上看，一个社会是否可以较为平稳地度过技术性失业的浪潮，主要取决于两点：一是遭受新技术冲击的职业是否有大量就业人口；二是新技术在消灭旧有的就业机会时，能否及时创造出较易上手的新职业。

但这一次，AI 对就业市场的冲击是完全不一样的。一方面，此轮的 AI 冲击不仅范围上十分广泛，而且时间上十分密集。所谓范围上的广泛，指的是很多行业都同时受到了冲击。不同于过去的专用型 AI，新近面世的 AI 模型大多是通用型的。在实践中，人们只要对这些模型进行稍许的微调就可以用它们来完成很多不同的任务。在这种情况下，AI 的发展就可能同时对多种职业造成冲击。而所谓时间上的密集，指的是 AI 在冲击了一个职业之后，马上就会冲击另外一个职业。这种密集的冲击不仅会导致失业者的再就业难度大幅提升，还会严重打击他们通过技能培训实现再就业的信心。试想，如果一位插画师刚刚被 Midjourney（AI 绘画工具）抢走了饭碗，好不容易才学会了开车，成了一名网约车司机，但不久后就又因无人汽车的兴起而失去工作，在这样的情况下，他是否还有毅力继续去学习新的技能，并且笃定 AI 在短时间内不会掌握这项技能呢？

因此，这一轮由 AI 带来的技术性失业将可能和过去的历次技术性失业都截然不同。如果接下去 AI 技术继续按照指数速度增长，那么纯粹依靠市场的自发调节，恐怕很难再让社会实现充分的就业。从政策的角度看，我们当然有很多方法去缓解 AI 对就业的冲击，比如由政府出面提供更多求职中介服务和再就业培训都可以帮助那些因 AI 而失业的人更快地找到新的工作。不过，如果 AI 的发展速度持续保持在一个较高的水平，那么所有的这些努力充其量都只能起到暂时的效果。人类工作的消亡或许会是一个我们难以接受，但又不得不面对的未来。

拒斥"终产者"

考虑到我们现在脑机接口、纳米机器人等技术的发展要落后于 AI，那么，至少在未来的

10 年内，用 AI 直接强化大脑恐怕还只能停留在设想层面。那么，在这段时间里，人们应该如何应对 AI 导致的技术性失业所引发的各种社会矛盾呢？

一些学者对此给出的解决方案是：对 AI 使用者征税，并用得到的税款发放全民基本收入。这样，即使那些因 AI 冲击而失业的人难以找到新的工作，他们也可以获得基本的生活保障，不至于让生活陷入困境。不过，这个方案从提出开始，就备受争议。比如，一些学者就认为，对 AI 这种新技术征税，将会对其的发展造成很大的阻碍；另一些学者则认为，全民基本收入的推行有可能鼓励人们不劳而获。

在我看来，推行 AI 税和全民基本收入的更大潜在阻力，其实是来自 AI 对利益分配的影响。如我们所见，随着 AI 的发展，一大批与 AI 相关的企业在短时间内出现了营收和市值的暴涨。以 OpenAI 为例，几年前，它还是一家连年亏损，不名一钱的企业，但随着 GPT 等模型的爆火，它迅速成了年营收数十亿美元，估值近千亿美元的企业。更不用说微软、英伟达等巨头都借着 AI 的东风，让其市值在一年多内膨胀了上万亿美元。可以预见，随着 AI 技术的进一步发展，这种天量财富向少部分企业和个人集中的趋势将可以继续。

这会带来什么样的后果？一个直接的后果是，整个社会的分化和隔阂将会更加严重。当 AI 的性价比足够高后，社会的隔阂和对立就会更加严重。

这还不是最可怕的。如果像库兹韦尔预言的那样，在不久的将来，人类将可以通过纳米技术从分子层面对自己进行改造，那么那些掌握了更多财富的人就会率先让自己实现"机械进化"。在此之后，富人相对于穷人的优势就不仅仅会是更多的财富，在智力、体力等各个方面，他们都将对后者形成碾压的态势。而这种优势又会反过来让他们进一步助推财富的集中……刘慈欣曾在其小说《赡养人类》中对这种情况进行了想象。根据他的想象，在类似的趋势之下，全社会的财富和权力都会被一个"终产者"垄断，而其余所有人的命运都被其掌控。

如何让 AI 对齐

如果说技术性失业和分配问题都是人类曾多次遇到过的老问题在 AI 时代的重现，那么下面我们要探讨的就是"奇点"临近时的全新问题。

在所有的新问题中，最为突出的一个可能就是 AI 对齐问题。所谓 AI 对齐，简而言之，就是确保 AI 能理解人类的规范和价值，懂得人类的意愿和意图，按照人类的意志行事。从表面上看，这似乎并不是一件难事，毕竟 AI 的程序根本上都是由人设定的，人难道还会给其设定一个与自己利益相违背的目标吗？但事实上，答案并没有那么简单，原因有二。

　　一方面，人类在为 AI 设定行为目标和规范时，通常难以全面、正确地表述自己的利益关切，这就给 AI 违背人类利益留下了空间。比如，科学哲学家尼克·博斯特罗姆（Nick Bostrom）曾在其名作《超级智能》中提出过一个名为"宇宙回形针"的思想实验。他假想人类制作了一个以回形针产量最大化为目标的 AI，那么它将会用尽一切方法来达成这个目标，甚至为了将更多的资源用于生产回形针，不惜消灭人类。这个思想实验中，生产回形针这件事本身是符合人类利益的，但它最终的结果将可能严重损害人类利益。

　　另一方面，人类为了让 AI 可以实现更高的效率，通常会赋予它们很大的自我学习和改进空间，这就可能让 AI 偏离原本设定的价值观。比如，现在的不少 AI 智能体都允许其根据与环境及用户的互动来不断完善自己，在这种情况下，它就可能受到各种不良价值观的影响，导致其目标与人类的根本利益相偏离。

　　特别是，随着 AGI 的到来，AI 会逐步从工具变成与人类能力相当，甚至能力全方位高于人类的个体，在这种情况下，AI 利益与人类的不一致就会引发巨大的风险，《终结者》《黑客帝国》等影视作品中刻画的黑暗未来就可能真正来临。

　　正是为了防止这样的情况出现，现在的 AI 对齐研究已经成了 AI 领域中的显学。在现阶段，人们主要用两种方法来实现 AI 对齐。一种是"人类反馈的强化学习"，即所谓的 RLHF 方法；另一种则是"宪法 AI"，即所谓的 CAI 方法。在使用 RLHF 时，设计师会先用人工训练一个规模较小的 AI 模型，通过训练者对 AI 行为的持续反馈来实施强化学习，引导它的价值观与设计者预期的价值观相一致。然后，再用这个小模型充当"教练"，用强化学习来对更大规模的 AI 模型进行训练。而在使用 CAI 方法时，设计者则会先设定一个 AI 模型必须遵循的"宪法"，并根据"宪法"去生成各种场景下 AI 需要遵循的行为准则。然后，设计者用这些准则对 AI 模型生成的不同结果进行评判，看它们是否符合"宪法"的准则。对符合"宪法"的结果，给予相应奖励；而对违背"宪法"的结果，则给予相应的处罚。

　　值得肯定的是，这两种方法目前都取得了一定的成就，但它们的问题依然很大。比如，"深度学习之父"杰弗里·辛顿（Geoffrey Hinton）最近就指出，这些方法都只能让 AI 的行为看起来符合人们的利益，却不能保证它们从价值观层面完全和人保持一致。在这样的情况下，人们就很难保证 AI 不会在某些情况下做出背叛人类利益的事情。尤其是在 AGI 到来，AI 的能力超越人类的时候，类似背叛的可能性将越来越高，由之产生的风险也会越来越大。

　　那么，在这样的情况下，应该如何进一步完善 AI 对齐工作呢？在我看来，我们需要的或许是一些思路上的转变。从目前看，几乎所有人都很自然地把 AI 对齐等同于价值对齐，认为必须让 AI 的价值观和自己一致，才能让它们始终服务于人类利益，但这一点显然是相当困难的。但是，价值观的一致真的是必需的吗？或者我们可以换一个问题：在现实中，我们需要某个人按照我们的利益去完成某些工作，难道一定需要让它在价值观上和我们保持一致吗？答案当然是否定的。在更多时候，我们其实只需要设计好一套好的规则，就可以引导价值观和我们并不一致的人去达成我们希望实现的目标。举例来说，假设我们要让两个自利的人去公平地分配一个蛋糕，如果我们想通过首先对齐价值观的方式来达成这一目标，那么这项工作就会无比困难。不过，我们大可不必这样，只需要设计一个机制，让一个人来切蛋糕，但让另一个人负责分配，就可以非常容易地完成这项工作。这就启发我们，其实在进行 AI 对齐时，也可以绕开价值观这个难以破解的黑箱，直接从机制设计角度出发，去完成这些工作。令人欣慰的是，现在已经有一些研究者看到了这种对齐思路，并沿着这个方向取得了不少成就。

你是谁？我又是谁

除了 AI 对齐问题之外，人们在"奇点"临近时必须面对的另一大难题是关于身份的识别和认同。这个问题包括两个方面，一是应该如何认识 AI 的身份，以及我们与 AI 的关系；二是如何重新认识我们自己的身份。

先看第一个问题。前几年，如果你问一个人应该如何看待 AI，那么他多半会毫不犹豫地说，它只不过是我们的工具而已。其理由很简单：从表现看，它们不太可能具备自主的意识，只能在人的控制下执行相关的任务。

但在 ChatGPT 等大语言模型出现后，情况就起了很大的变化。AI 在与人的互动中的表现已经逐渐摆脱了原有的呆板，在和我们的对话中总是可以对答如流，甚至在一些情况下，它们已经可以主动揣测我们的心理，去预判我们的心理和行为。这不由得让我们怀疑，它们究竟是不是已经有了自己的意识。或许有些计算机专家会安慰我们，这不过是它根据预先设计好的模型在机械地回答这些问题，本质上不过是一堆 0 和 1 的加加减减。但是，正所谓"子非鱼安知鱼之乐"，谁又能保证在这种简单的加减背后没有蕴含着意识和思维呢？毕竟，即使抛开我们的大脑，用显微镜细细观察，也只能看到一堆神经元在发送着各种电信号，而看不到哪怕一个有灵魂的细胞。既然如此，我们又怎么肯定眼前那个可以和我们自由交流的 AI 没有演化出灵魂呢？我想，在 AGI 到来之后，类似的问题会越来越突出。或许在不久后的某一天，《西部世界》中的仿生 AI 机器人就会出现在我们面前。它们所有的行为举止都和我们一致，甚至预设的程序还会告诉它们自己就是人。当遭遇这样的 AI 机器人，我们是否还能拍着胸脯说眼前的不过是我们创造的工具呢？

再看第二个问题。相比于 AI 的身份问题，人类自我的身份识别和认同或许会是一个更为棘手的问题。

一方面，如前所述，随着纳米机器人和脑机接口技术的发展，人类将会掌握大幅修改自己身体的能力。未来，人们不仅有望用纳米机器人帮助自己修复坏死的细胞，以延长自己的寿命，还可以直接依靠它们来扩展自己的智力和体力。起初，这种对人体的修改可能仅限于少数的一些细胞，这并不会对我们造成身份认同上的烦恼——就好像现在我们不会认为一个人安了假肢或安了假牙后，就不是他了一样。但如果这种修改的过程一直持续，总有一天人们会把全身大部分，甚至全部的细胞都进行替换。这时，经典的"忒修斯之船"问题就又会出现在我们的面前：现在的"我"还是过去的"我"吗？

另一方面，随着 AI 技术的发展，人们将会逐渐掌握将意识上传云端的能力。事实上，包括马斯克在内的一些人已经在开始进行类似的努力了。假设在未来的某一天，技术真的发展到了足以让这个意识和本人一样思考，那么这个意识究竟是否可以被视为人的意识呢？如果答案是肯定的，那么它和意识的本尊又是什么关系？进一步讲，如果我们将这个意识安放到意识来源的克隆体当中，那么这个克隆体和原本的人又是什么关系？父子？兄弟？还是其他呢？

需要强调的是，身份识别和认同问题绝不只是单纯的哲学思辨议题。在现实中，它会关系到很多法律和伦理议题。比如，人类与 AI 的劳资关系应该如何处理？AI 是否应该享有与人同等的权利？克隆了我身体和意识的克隆体是否可以拥有我的财产？如果身份问题不解决好，那么这些问题都很难真正解决。

但迄今为止，人们依然没有为上述问题找到确定的答案。为了进一步促进相关共识的形成，我们依然需要对这些问题进行公开、深入的讨论。

本篇文章引自《经济观察报》观察家，略有改动。

06

奇点更近，我们应该如何参与其中

檀　林

北大汇丰商学院未来实验室首席未来学家

你有没有想过未来？你是否期待未来的到来？坦白说，我从未如此具体而全面地展望过未来——不仅是时间上的延伸，还包括社会各层面的深刻联系。著名的未来学家雷·库兹韦尔在他的新书《奇点更近》中为我们勾勒出了一幅令人叹为观止的未来蓝图，并以一种系统而深入的方法带我们窥探未来世界的模样。

库兹韦尔的论述从宇宙大爆炸开始，经过单细胞生物和 DNA 的演化，最后到达人类大脑。他认为，计算机硬盘就像我们大脑的延伸，而随着时间的推移，计算成本会不断下降，但计算速度却会呈指数级增长。

尽管很多人仍然认为尖端科技是少数有钱人的专利，但事实并非如此。回想 30 年前，即使是世界首富也不可能拥有一部像今天这样先进的智能手机。当时的技术水平远远不足，互联网也还没有普及。无论你多么富有，都无法享受到今天已成习惯的便利、技术和信息。这说明，科技进步并非依赖金钱或资源，而是技术的发展和相互配合达到了一定程度的结果。

早在 1999 年，库兹韦尔就预言，到 2029 年，我们将拥有与人类难以区分的超级人工智能。很多人认为他过于乐观，觉得这种进步至少需要一个世纪。然而，2022 年底，ChatGPT 的横空出世展示了生成式 AI 的强大力量，甚至让一些人比库兹韦尔更乐观，认为超级 AI 可能在 2026 年就会出现！

库兹韦尔早在 2005 年出版的《奇点临近》中就提出了关于"奇点"的概念。当时，库兹韦尔展望，到 2045 年（大约 20 年后），我们将迎来所谓的"奇点"，也就是人类大脑与云端计算机融为一体，实现某种形式的"永生"，那时，我们的大脑将如同多层神经网络，通过与计算机的结合，以远超生物大脑的速度处理信息和运算。

库兹韦尔不仅预测了未来技术的发展，更令人惊叹的是他的预测时间点往往非常精准。例如，他对智能手机问世和人工智能战胜国际象棋世界冠军的预测，误差仅在一年左右。

他还预测由于计算能力的指数级增长且成本不断下降，未来 20 年我们将见证前所未有的飞跃和颠覆性变革，而他最近推出的这本名为《奇点更近》的新书则再次强调了奇点的临近——它将比我们想象的更快到来。

这位 76 岁的工程师不是普通人，在他的整个职业生涯中，他做出了 147 次预测，其中 86% 成真。这一次，这位预测未来的"大先知"又为我们设想了一种命运，即 80 岁以下且身体健康的人有可能长生不老。他预测，到 21 世纪 30 年代，我们还能够将大脑的新皮质扩展到云中，从而实现人类智力的大幅提高。

库兹韦尔在科技未来学领域可谓翘楚，他的新作聚焦"技术奇点"，即人工智能超越人类智能的关键时刻，这将引发深远且难以预料的社会和技术变革。最近，我深入研读了这本发人深省的新书，迫不及待地想与大家分享其中的核心理念和我的一些思考。

库兹韦尔理论的核心是技术进步的"加速回报定律"。这个定律认为，科技发展并非以匀速前进，而是呈指数级增长。换句话说，科技进步的速度本身也在加快，使得创新来得越来越快。库兹韦尔用大量例子证明了这一点，从生命演化到计算能力的提升，无不如此。这让我们清楚地认识到世界变化之快，也说明了为何未来可能比我们想象的更近。

三大科技革命：基因、纳米和机器人

库兹韦尔把整个宇宙的发展历程根据技术的演进分成了六个阶段，非常有意思。

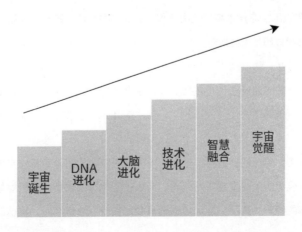

第一个阶段，就是宇宙刚刚诞生的时候。那时候连原子都没有，所有的信息都藏在最基本的粒子里。可以说，这是宇宙的婴儿期。

第二个阶段，生命开始出现了。DNA 这个神奇的分子登场了，它就像是生命的说明书，指导着生物如何生长和繁衍。这个阶段，地球上的生命开始了漫长的进化之旅。

第三个阶段，大脑出现了。动物们不再只是凭本能行动，它们可以学习，可以记住经验。这是智能生命的雏形。

第四个阶段，就是我们人类的时代。我们学会了制造工具，发明技术。库兹韦尔认为，我们现在正处在这个阶段的尾声，因为技术发展得越来越快。

第五个阶段，听起来有点科幻。人类将开始和技术融合，可能会出现超级智能生命。库兹韦尔预测奇点将与技术演化纪元 5 相吻合。在纪元 5 期间，三个革命性的因素将共同推动奇点到来：基因学、纳米技术和人工智能技术。

第六个阶段，也是最后一个阶段，比较夸张。库兹韦尔预测，超级智能将诞生，并开始向宇宙扩张。在这个阶段，整个宇宙可能都会被智能生命唤醒。

从这个技术演进的六阶段模型中，库兹韦尔指出，推动我们迈向技术奇点的是三大关键科技领域：基因、纳米和机器人。他深入分析了这三个领域，描绘出了一幅令人震撼的未来图景：

- 基因技术将让我们能够改造自身的生物学特性，有望攻克疾病、延长寿命，甚至增强人类能力。
- 纳米技术将使我们能在分子层面打造材料和设备，为医药、能源和制造业带来革命性突破。
- 机器人和人工智能技术将创造出不仅能完成体力劳动，还能思考和学习的智能机器，最终可能超越人类智能。

而生成式人工智能的加速迭代正在彻底改变多个领域。近年来，生物技术的发展引起了我的注意。我认为它可能是下一个"互联网"，但一直说不清楚原因。库兹韦尔为我们提供了一个清晰的解释。

以医疗领域为例，传统的放射科医生在职业生涯中接触的图像和特殊案例数量有限，依靠个人经验，他们可能无法及时发现所有问题。而人工智能可以收集并分析海量图像，积累比任何个人医生更丰富的经验，从而更准确地辅助诊断。在新冠疫情期间，莫德纳公司在获得病毒序列后，利用人工智能设计 mRNA 疫苗。他们能够在短时间内分析和比较成千上万种 mRNA 设计方案，而人类研究人员可能只能从几十或上百种方案中进行选择。

另一个应用是利用器官芯片系统模拟人体反应。传统的临床观察往往耗时长且样本量小。如果有效运用器官芯片系统，再结合人工智能的计算能力，我们可以在短时间内获得大量模拟结果。虽然器官芯片系统可能无法完全准确地模拟药物与人体的相互作用，但它可以模拟多种配方和剂量，加快药物开发进程。此外，人工智能还能帮助我们识别人体中的蛋白质变异。

过去，我们只能通过人工搜索来获取信息，这往往难以得到准确答案。如今，随着人类基因组的解码和生成式人工智能的发展，我们有了更强大的工具来深入了解人体的复杂性。这让我联想到工业革命时期，人类逐渐掌握了机器的工作原理和结构，学会了如何维修和保养。理论上，任何机械问题都能被解决。同样，随着基因组研究的深入和人工智能技术的进步，我们对人体的认识可能达到一个新的高度，就像我们理解汽车一样透彻。这意味着在未来，我们可能有能力更有效地维护和修复人体。

库兹韦尔在书中还提到了一项令人兴奋的技术——纳米机器人。这些微小的机器人可以被植入人体，并被精确引导到特定位置进行内部修复。这项技术的发展将为医疗领域带来革命性的变化。

值得注意的是，CPU 性能和人工智能能力的飞速发展正在远远超出我们的想象。人类习惯用线性思维来预测未来，但技术进步，尤其是在计算机和人工智能领域，却遵循指数增长的规律。这意味着变革的速度正在不断加快，而我们基于经验和已有知识做出的预测往往跟不上实际的发展步伐。这种差距提醒我们需要以更开放和灵活的心态来看待未来的可能性。

我的思考和反思

《奇点临近》是一本既充满挑战又充满希望的书。库兹韦尔对未来充满热情，他在科技领域的渊博知识令人叹服。尽管他的某些预测看似遥不可及，但他对技术变革力量的论述却不可忽视。

在库兹韦尔的未来愿景中，最引人注目的莫过于"奇点"的概念。他描绘了一幅人机融合的未来图景，这种融合将创造出一种全新的智能形态，远超人类或机器单独存在时的能力。这种突破性的进展可能大幅提升人类能力，使我们有望解决当前看似无法克服的难题，如消除贫困、战胜疾病，甚至挑战死亡的界限。

然而，奇点的到来也引发了深刻的哲学思考，涉及意识的本质、身份认同和人类未来走向。在一个机器智能可能超越人类的世界里，我们该如何定义人性？人类是否会被时代所淘汰？还是我们将突破现有局限，迈向一个全新的存在层次？

读完这本书，我感到一种思维上的"开悟"——对未来的想象变得更加立体，视野也更加开阔。我不禁感慨，未来虽然扑朔迷离，但库兹韦尔为我们提供了一种可能的路径。这条路径充满了未知和挑战，但也蕴含着巨大的潜力。

这本书还让我们能够深入了解库兹韦尔这位全球著名未来学家的思维模式，他通过跨学科和系统思维，为组织和个人提供关于全球趋势、可能情景、新兴市场机会和风险管理等方面的建议。

像库兹韦尔这样的未来学家不仅关注预测未来，还探索未来可能从现在演变而来的方式。他们使用各种方法，如趋势分析、情景规划和愿景制定，来探讨社会、技术、经济和环境等领域的未来发展。

库兹韦尔的书不仅是对未来的预测，更是对如何应对未来的呼吁。他提醒我们，技术进步带来的不仅是便利和效率，还有伦理和社会的挑战。我们需要在享受科技带来的好处的同时，认真思考它对人类社会的深远影响。

总的来说，《奇点更近》是一部引人深思的著作，它不仅让我们对未来充满期待，也促使我们反思当前的科技发展路径。技术奇点可能离我们比想象中更近，也许我们正处在见证这一历史性时刻的边缘。而我们要做的，是用开放的心态迎接未来，并以积极的姿态参与其中。

无论你是科技爱好者，还是对未来充满好奇的普通读者，这本书都值得一读。

重磅赞誉

陈楸帆
科幻作家

董 明
云南白药集团总裁
兼 CEO

段永朝
苇草智酷创始
合伙人

胡 泳
北京大学新闻与传播
学院教授

彭志强
盛景网联董事长

吴 声
场景实验室创始人

周健工
未尽研究创办人

2005 年，库兹韦尔说，当 AI 的智能水平超过人类的智能水平时，我们就会迎来奇点，而仅凭人类的智能，我们很难理解到时候会迎来什么。近两年来，随着相关技术，尤其是 AI 突飞猛进的变化，库兹韦尔的预言似乎正在变成现实。所有人都能感受到变化正在发生，但对于那个临界点，即机器什么时候会真正超越人类，如何步入奇点，我们还不清楚。这本《奇点更近》就为我们预测与描绘了人类走向奇点的最后过程，大变革前夜，我们需要这样一本充满希望与乐观精神的指南，了解关于 AI 与人类未来最关键的问题。

陈楸帆

科幻作家

从网络纪元到智能纪元，从单体强化到群体进化，从百岁人生到长寿社会，科技正在更大范围、更深层次和更多场景中参与并改变着人类生活，AI 正在加速成为现代社会的新型基础设施。未来面向 AI 将会有两种能力范式，一种是"AI 赋能"（Empowered by AI），另一种则是"基于 AI"（Based on AI），前者是利用 AI 来强化自身，后者则是以 AI 原生为基础完善自我。与其观望不如躬行，云南白药正致力打造中医药"雷公大模型"，用最先进的技术升级最传统的行业，构建普惠的中医药知识服务平台，推进中医药行业的奇点更近。而在这个进程中的诸多疑惑，都在库兹韦尔的这本新书中找到了解答。天花狂坠，精彩纷呈！

董 明

云南白药集团总裁兼 CEO

库兹韦尔的《奇点更近》再一次刷新着人们的认知。如果说，24 年前的《奇点临近》让人们充满期待和好奇的话，那么《奇点更近》则让人们充满紧张和忧虑。这不单单是对未来的大胆预言，关键是所有的预言都建立在扎实的论证的基础之上。彻底重构世界、认知，乃至生命的时代即将降临，一切都要重新开始。

段永朝

苇草智酷创始合伙人、信息社会 50 人论坛执行主席

读《奇点更近》，当然我们就会想到该书的"前传"——库兹韦尔在 2005 年的畅销书《奇点临近》。不出意外，作者在新作中重申了那本书中的两个关键日期：AI 将在 2029 年达到人类智能水平，并在 2045 年与人类融合，这一划时代的事件被称为"奇点"。的确，在 2024 年，人们更有可能认真对待库兹韦尔的论点。过去几十年来，科技取得了令人难以置信的进步，尤其是在 AI 和生物技术领域。问题是，事情真的就会按计划进行吗？库兹韦尔写道："如果我们能够应对这些进步带来的科学、伦理、社会和政治挑战，我们将深刻地改变地球上的生活，使之变得更好。"好大的一个"如果"。库兹韦尔的底气在于："随着这项技术的普及，社会将会做出调整。"这是技术达尔文主义。

胡　泳

北京大学新闻与传播学院教授

《奇点更近》揭示了人类与超级 AI 融合的终极未来，到 2045 年，人类的思维能力将扩展数百万倍，许多人可以健康地活到 120 岁以上。正如库兹韦尔所预言的，人类迈向奇点的千年征程已经步入冲刺阶段。

彭志强

盛景网联董事长

在所有场景已然 AI For All 的今天，具体而深入的技术进化，让库兹韦尔指引的奇点之路，从临近到更近。所以，这本书进一步将镜头拉近到冲刺的"最后几公里"，为我们预测与超级 AI 的融合未来和人类繁荣增长路线图。奇点永远是涌现之所向，而凡人想象之事，必有人将其实现。

吴　声

场景实验室创始人、场景方法论提出者

库兹韦尔 1999 年预测 2029 年 AI 通过图灵测试，2005 年预测 2045 年达到技术奇点——它的意思不仅是指机器智能将超越人类智能，而是两者完全融合，人类所面临的问题迎刃而解，人类的智慧、生命和福祉都能实现成百上千倍的超越。现在，奇点更近了，这一切都即将降临，绝大多数的读者都将在有生之年迎来这些美好。多么乐观呵！

周健工

未尽研究创办人

雷·库兹韦尔是数字时代最伟大的先知。《奇点更近》不仅是一本畅销书，更是我们即将经历的技术复兴时期的生存指南。库兹韦尔对未来可能发生什么及其发生时间点的准确预测，让我们能够驾驭而非被这股变革浪潮所淹没。

彼得·戴曼迪斯

X 大奖基金会创始人、奇点大学创始人、《未来呼啸而来》作者

《奇点更近》可以说是对人类未来的一次迷人探索，其中提出了我们面临的最深刻的哲学问题。

尤瓦尔·赫拉利

历史学家、《人类简史》作者

很少有人能像雷·库兹韦尔那样改变世界对 AI 的看法。他为即将到来的未来写作了一份新颖的、广博的、充满希望的指南，可以帮助我们加深理解，并再次设定了辩论的基调。这本书基于数十年的细致研究，写作清晰明了，内容广博，是任何想要了解我们这个以指数速度发展的时代的人的必读书。

穆斯塔法·苏莱曼

DeepMind 联合创始人

雷·库兹韦尔的《奇点更近》之于信息技术，正如查尔斯·达尔文的《物种起源》之于生命科学，是关于世界基本真理的措辞严谨、目光敏锐、跨学科且建立在扎实的现实基础上的阐释……在未来 20 年间，没有其他比《奇点更近》更能指引我们的作品了。

玛蒂娜·罗斯布拉特

SiriusXM 和 United Therapeutics 创始人、《虚拟人》作者

雷·库兹韦尔对未来的影响深远。他在 24 年前预言 AI 将在 2029 年达到人类水平，这一愿景在当时看来十分梦幻（不切实际），而今我们却正按部就班地走在实现这一愿景的道路上。这本书将挑战你对科技、生命和死亡的认知，为你解答当今关于 AI 和人类未来的最紧迫的问题。

托尼·罗宾斯

畅销书作者、潜能开发专家

一位文学隐者耗费七年之作
一部人类文字的未来消亡史

30 万字科幻鸿篇，
一部 AI 意志接管未来的人类世宏大史诗
三千隔都、蜂巢林立、机器乱局、文字消亡……
是"全人类使命的终结"，
还是"沙漠似海、绿洲似岛"？

科幻界、商界、学界等数十位 KOL 联袂推荐

......

面试官的团队一共有四人，除我和他以外，还有罗拉和杜克。

罗拉是个三十岁出头的女子，皮肤略黑，头发是棕色的，爆炸式的发型上挂满了色彩斑斓的小头饰，仿佛垂落的枝条上挂满了花儿。她的相貌暗示着祖上经历过多次混血，她的大声欢笑透着拉丁裔的乐观主义。在这普遍沉寂和冷漠的独居者世界里，她就像荒漠里钻出一束春草似的罕见。杜克则是最初面试我的另一个人，典型的独居者，尖鼻小眼，模样像老派精明的账房先生，仿佛与他温厚谦逊的性格针锋相对。他脾气极好，总是低眉不语，一副逆来顺受的模样，年龄大约四十岁不到，但有时又像是五十多岁。他的外貌有时像亚裔，有时又像来自太平洋群岛的居民。后来在"机器乱局"的时代里，我见过很多类似的独居者。他们静坐时就像一块石头、一株枯树，仿佛时间在他们身上停止流逝，但他们的面容在不同的光影里又总是发生变化，让人猜不准他们的年龄或种族。

公司规定所有的员工必须以真实形象登录公司的虚拟办公室，所以罗拉应该就是罗拉的长相，杜克应该就是杜克的模样，但我总是怀疑他们是否遵守了这条规则。这不仅因为罗拉的热情和杜克的寡言都是过于鲜明的性格标签，可以在虚拟世界里轻易设定，还因为他们通过翻译器传来的发音纯正到没有口音，仿佛故意掩饰了自己的出生痕迹。有时候，我很想问他们究竟身在何处，但最终还是忍住了。灾后的世界已经建立在伟大的玻璃球之上，这类问候早已是过时的乡愁，并且就像半个世纪前贸然询问别人的收入一样，很不礼貌。

在这个 AI 时代，食物来自"盖亚"基地，日用品来自"黑暗工厂"，健康依靠"沃森"医生，出行借助"自动飞行器"，决策求助"苏格拉底"顾问，并且每家企业都有自己的算法系统，甚至不止一个。世异时移，一切工作方式以及社会的运转方式都与几十年前全然不同，我们公司同样如此。投资分析师不必研究行业、分析财报，不必调研公司、拜访高管，不必走街串巷，像商业侦探似的计算商铺坪效。那些面试官年轻时苦练到熟稔的种种技能，现在全都一文不值。AI 将我们的日常工序一道道剥离，只剩下最纯粹、最适合人类的一种工作——数据买手。

数据买手就是数据的采购员。按照面试官的说法，在算法统领一切的时代，所谓的市场竞争就是一个激烈的赛马场，每家公司的算法系统就是一匹赛马，而数据则是马匹所吃的草料。因此，数据越是及时可靠，就等于马匹吃的草料越是新鲜与丰盛，那么马匹奔跑起来就越是撒蹄如飞，一骑绝尘。而我们就是这种草料的采购员，游弋在玻璃球中各种公开的草料市场，像果农挑选成熟苹果一样购买数据。所以，我们每日的工作就是像战斗小分队一样，登录玻璃球，穿梭在争夺草料的硝烟里。一旦找到水草丰盛之处，面试官就端坐在一头，守着数据上传的端口，其他三人则分别行动，就像采集狩猎部落的先民，四处采集新鲜果实。繁复庞杂的原始数据已经由特定的算法去芜存菁，压缩成固定形态，或者大如箱子，或者小似巴掌，全都发着光，在虚拟世界里漫天飞舞。我们必须集中全部注意力，瞪大眼睛，在眼花缭乱的光芒中寻找猎物，一旦认准——那是一种膝跳反射似的、一见钟情似的、灵光乍现似的瞬间——你必须迅速出手拍下，然后像抛掷垒球那样，扔向远处的面试官。这动作非常简单，但难在速度，因为速朽的金融数据常常等不到下一秒，不是变质，就是被同行抢走。你需要迅速判断，并果断出手。守着上传端口的面试官经验丰富，他负责验证，一旦通过，便将数据包压入那个井口似的黑洞里。那是公司算法系统的上传端口，上传时洞口泛红，载入结束时变绿，就像很久以前的红绿交通灯。

就这样，我们四个人犹如一支垒球队，在五彩缤纷的孔明灯之间来回穿插，奔跑、发球、接球、传球，彼此配合，一气呵成。作为新人，我时常觉得好笑，人类本以为在算法时代可以过得轻松些，实际却仿佛还在两百年前的工厂流水线上干着体力活。这类体力活不仅辛苦，而且困难，很容易买到过时、掺假的"有毒"数据。因此我们常常要采用一些特殊手段，绕开某些法律障碍，从黑市上"合法购买"某些特别的数据，它们总是更加及时准确。那种购买的场面有点像两百年前的马匹拍卖市场：精明的同行聚拢在一个场子里，你不能犹犹豫豫、拖泥带水，你得迅速判断出某个数据包的价格，果断出价，并且愿赌服输。这关乎经验，但更关乎直觉和运气。在这方面，我们年轻人总是占尽优势，因为在这种类似拍卖的反应上，我们总是比面试官那一辈人更少犹豫、更敢出手，仿佛天生擅长此道——没错，这其实就是虚拟世界的游戏，我们是虚拟世界的猎手，不会等到瓜熟蒂落，只懂得眼疾手快。我们的时态是绝对的当下，乐趣不是来自你用自己有限的脑力去分析无尽的数字迷宫，也不是来自忽然灵光一现的思考突破带来的愉悦与惊喜，而是来自将购买当作一种轮盘赌博而获得的一种冒险的快感——闭上眼睛，转动轮盘，像在等待老虎机发出叮咚的音乐，期待着猎物入囊后那种击穿全身的欢欣感。

算法可以完成一切，却无法胜任这种基于动物性的瞬间决断。所以我完全相信，数据买手的工作只能交给人类。然后，事情就简单多了。数据载入公司的主机，算法系统负责完成一切脑力工作。就像传统制造业，你填进去矿石，就吐出来钢铁，你倒进去煤炭，就产生电力，现在你将各种数据载入机器，算法便会在我们喝咖啡、聊天、发呆的时候，整理数据、调查背景、交叉验证，然后吐出一份判断与建议，譬如行业的风险系数、公司的安全边界、买入卖出的时机，以及其他配套的对冲操作。如果你充分授权，它还会自行安排交易，根本不需要你看上一眼。

等候算法出结果的间隙，我们总是闲聊，而气候灾难的话题，则是必不可少的佐料。我出生在旧城，从未亲历灾难。虽然玻璃球中的记载生动而清晰，但是与聆听一个亲历者的叙述相比就像观看艺术复制品与亲睹原作的区别，感受全然不同。

我记得罗拉说过，这场不可逆转的灾难，科学家早在一百多年前就预警了。当我质疑的时候，杜克便补充说："你们年轻人之所以无法相信，完全是因为你们已经不再关心过去。"于是，历史的原貌就在这种闲聊中现身：因为缺乏确凿的证据，那种预警一开始总是被视为杞人忧天，倔强的科学家们不得不一代接一代地搜寻证据。他们的足迹遍布北极海域、南太平洋岛屿、阿拉斯加冻土、南极大陆、青藏高原，以及很多今天已经湮灭的地方。他们将形形色色的监测仪器埋入地底深处。年复一年，各类数据犹如树木之轮逐年累积，像一篇含义微妙的长篇叙事史诗，暗示着不祥的预兆。最后，当确凿的证据摆在面前的时候，人类既心怀侥幸又各怀鬼胎，会议、决议、宣言层出不穷却毫无用处。芸芸大众在矛盾的网络舆论中时而忧虑惊惶，时而犹豫不决，整个世界最终被拖入一场没有终点的讨价还价里。

"但是灾难自有节奏，就像清晨的闹钟，一到时间便会爆发出尖锐的响声。"罗拉总结道。"是的，就像摇晃的船只，"杜克伸出一只手，"只要倾斜到一定程度，就再无挽救的可能。"一直沉默不语的面试官搁在桌上的那只手此刻正在轻轻弹跳，银色的戒指、黑色的戒指，就像海边一闪一灭的灯塔，在暮色四合中召唤归航的船只。这是东部的悼亡习俗：银色的戒指表明他曾经有妻有子，现在则鳏寡孤独；黑色的那一枚则暗示着他的家庭（或者是整个家族）全都丧身在同一场灾难里。气候灾难已经持续数十年了，面试官的故事只是人类无数悲剧中的一个，但他那犹如一名钢琴师单手演奏的手法，总是令我想起父亲的说法——幸存者总是比亡者更为不幸。

……

扫码登陆《知然岛》

一同探索我们的近未来